Visual C# 程序设计

项目案例教程

（第3版）

主　编／郑　伟　杨晓庆

副主编／杨　云　武　倩　王洪洋　姜伟强　刘　炜

清华大学出版社
北京

内 容 简 介

　　本书采用任务驱动模式编写,突出实际动手能力的培养,所选项目均来自企业真实案例。本书以 C♯ 作为开发语言,以 Visual Studio 2019 作为开发平台,数据库采用 SQL Server 2017。从开发人员的角度 出发,讲解了 7 个设计项目,从简单应用程序的编写到企业级应用程序的构建,内容涉及 C♯ Windows 应用程序、数据库应用程序。从基础架构,到数据库的设计、用户界面的构建以及类层次关系的构建,由 浅入深地进行讲述,本着理论必需、够用的原则,对涉及的知识点进行精讲,让学生既知其理,又懂得使 用方法。通过项目与任务的实施,提高学生的动手能力。每个项目都有拓展训练,通过这些训练可达到 举一反三的目的。

　　本书适合作为大学本科、高职高专院校计算机相关专业的教材,也可作为编程爱好者的自学教材, 还可供成人教育和在职人员作为培训教材使用。

图书在版编目(CIP)数据

Visual C♯程序设计项目案例教程/郑伟,杨晓庆主编.—3 版.—北京:清华大学出版社,2020.5 (2024.6 重印)

高职高专计算机任务驱动模式教材

ISBN 978-7-302-54289-6

Ⅰ. ①V… Ⅱ. ①郑… ②杨… Ⅲ. ①C 语言-程序设计-高等职业教育-教材 Ⅳ. ①TP312.8

中国版本图书馆 CIP 数据核字(2019)第 258167 号

责任编辑:张龙卿
封面设计:范春燕
责任校对:刘 静
责任印制:丛怀宇

出版发行:清华大学出版社
　　　网　　址:https://www.tup.com.cn,https://www.wqxuetang.com
　　　地　　址:北京清华大学学研大厦 A 座　　　　邮　编:100084
　　　社 总 机:010-83470000　　　　　　　　　邮　购:010-62786544
　　　投稿与读者服务:010-62776969,c-service@tup.tsinghua.edu.cn
　　　质量反馈:010-62772015,zhiliang@tup.tsinghua.edu.cn
　　　课件下载:https://www.tup.com.cn,010-83470410
印 装 者:三河市龙大印装有限公司
经　　销:全国新华书店
开　　本:185mm×260mm　　　印　张:19　　　字　数:432 千字
版　　次:2011 年 6 月第 1 版　　2020 年 5 月第 3 版　　印　次:2024 年 6 月第 6 次印刷
定　　价:59.00 元

产品编号:086594-02

编审委员会

出版说明

　　我国高职高专教育经过十几年的发展,已经转向深度教学改革阶段。教育部于 2006 年 12 月发布了教高〔2006〕第 16 号文件《关于全面提高高等职业教育教学质量的若干意见》,大力推行工学结合,突出实践能力培养,全面提高高职高专教学质量。

　　清华大学出版社作为国内大学出版社的领跑者,为了进一步推动高职高专计算机专业教材的建设工作,适应高职高专院校计算机类人才培养的发展趋势,根据教高〔2006〕第 16 号文件的精神,2007 年秋季开始了切合新一轮教学改革的教材建设工作。该系列教材一经推出,就得到了很多高职院校的认可和选用,其中部分书籍的销售量超过了 3 万册。现重新组织优秀作者对部分图书进行改版,并增加了一些新的图书品种。

　　目前国内高职高专院校计算机网络与软件专业的教材品种繁多,但符合国家计算机网络与软件技术专业领域技能型紧缺人才培养培训方案,并符合企业的实际需要,能够自成体系的教材还不多。

　　我们组织国内对计算机网络和软件人才培养模式有研究并且有过一段实践经验的高职高专院校,进行了较长时间的研讨和调研,遴选出一批富有工程实践经验和教学经验的双师型教师,合力编写了这套适用于高职高专计算机网络、软件专业的教材。

　　本套教材的编写方法是以任务驱动、案例教学为核心,以项目开发为主线。我们研究分析了国内外先进职业教育的培训模式、教学方法和教材特色,消化吸收优秀的经验和成果。以培养技术应用型人才为目标,以企业对人才的需要为依据,把软件工程和项目管理的思想完全融入教材体系,将基本技能培养和主流技术相结合,课程设置中重点突出、主辅分明、结构合理、衔接紧凑。教材侧重培养学生的实战操作能力,学、思、练相结合,旨在通过项目实践,增强学生的职业能力,使知识从书本中释放并转化为专业技能。

一、教材编写思想

　　本套教材以案例为中心,以技能培养为目标,围绕开发项目所用到的知识点进行讲解,对某些知识点附上相关的例题,以帮助读者理解,进而将知识转变为技能。

考虑到是以"项目设计"为核心组织教学，所以在每一学期配有相应的实训课程及项目开发手册，要求学生在教师的指导下，能整合本学期所学的知识内容，相互协作，综合应用该学期的知识进行项目开发。同时，在教材中采用了大量的案例，这些案例紧密地结合教材中的各个知识点，循序渐进，由浅入深，在整体上体现了内容主导、实例解析、以点带面的模式，配合课程后期以项目设计贯穿教学内容的教学模式。

软件开发技术具有种类繁多、更新速度快的特点。本套教材在介绍软件开发主流技术的同时，帮助学生建立软件相关技术的横向及纵向的关系，培养学生综合应用所学知识的能力。

二、丛书特色

本系列教材体现目前工学结合的教改思想，充分结合教改现状，突出项目面向教学和任务驱动模式教学改革成果，打造立体化精品教材。

（1）参照和吸纳国内外优秀计算机网络、软件专业教材的编写思想，采用本土化的实际项目或者任务，以保证其有更强的实用性，并与理论内容有很强的关联性。

（2）准确把握高职高专软件专业人才的培养目标和特点。

（3）充分调查研究国内软件企业，确定了基于Java和.NET的两个主流技术路线，再将其组合成相应的课程链。

（4）教材通过一个个的教学任务或者教学项目，在做中学，在学中做，以及边学边做，重点突出技能培养。在突出技能培养的同时，还介绍解决思路和方法，培养学生未来在就业岗位上的终身学习能力。

（5）借鉴或采用项目驱动的教学方法和考核制度，突出计算机网络、软件人才培训的先进性、工具性、实践性和应用性。

（6）以案例为中心，以能力培养为目标，并以实际工作的例子引入概念，符合学生的认知规律。语言简洁明了、清晰易懂，更具人性化。

（7）符合国家计算机网络、软件人才的培养目标；采用引入知识点、讲述知识点、强化知识点、应用知识点、综合知识点的模式，由浅入深地展开对技术内容的讲述。

（8）为了便于教师授课和学生学习，清华大学出版社正在建设本套教材的教学服务资源。在清华大学出版社网站（www.tup.com.cn）免费提供教材的电子课件、案例库等资源。

高职高专教育正处于新一轮教学深度改革时期，从专业设置、课程体系建设到教材建设，依然是新课题。希望各高职高专院校在教学实践中积极提出意见和建议，并及时反馈给我们。清华大学出版社将对已出版的教材不断地修订、完善，提高教材质量，完善教材服务体系，为我国的高职高专教育继续出版优秀的高质量的教材。

清华大学出版社
高职高专计算机任务驱动模式教材编审委员会
2017 年 3 月

前　言

习近平总书记在党的二十大报告中指出：教育、科技、人才是全面建设社会主义现代化国家的基础性、战略性支撑；必须坚持科技是第一生产力、人才是第一资源、创新是第一动力；深入实施科教兴国战略、人才强国战略、创新驱动发展战略，这三大战略共同服务于创新型国家的建设。

本书第 3 版在前两个版本的基础上，内容进行了优化，软件开发版本由原来的 Visual Studio 2012 升级为 Visual Studio 2019，数据库版本由原来的 SQL Server 2008 升级为 SQL Server 2012。同时，本书介绍了新的开发环境的特点和特性，通过新版本的使用，介绍在最新的 Visual Studio 环境下设计 Windows 应用程序的方法和步骤。

C#是微软公司发布的一种面向对象的、运行于.NET Framework 之上的高级程序设计语言。C#是微软公司研究员 Anders Hejlsberg 的最新成果。C#看起来与 Java 有着惊人的相似，它包括诸如单一继承、接口，以及与 Java 相似的语法和编译成中间代码再运行的过程。但是 C#与 Java 又有着明显的不同，它借鉴了 Delphi 的一个特点，与 COM（组件对象模型）是直接集成的，而且它是微软公司 .NET Windows 网络框架的主角。

本书注重理论与实践相结合，对各部分内容均通过详细、通俗易懂的实例，使读者加深对内容的理解。教材在内容取舍、篇幅控制和难点安排上均适合教学，同时注重软件开发能力的培养。

本书的每个案例开发步骤都以通俗易懂的语言进行描述，从最基础的控件和语句进行讲解，详细介绍了每一个开发步骤，每一个项目都有完整的开发流程。

本书适用于希望在.NET 框架下开发 Windows 应用程序的程序设计人员，对于希望从基本概念开始学习的 Windows 应用程序爱好者来说也有详细的例子可以边学习边实践。

本书由潍坊职业学院郑伟、河南建筑职业技术学院杨晓庆担任主编，浙江东方职业技术学院杨云、潍坊北海学校武倩、潍坊职业学院王洪洋、潍坊职业学院姜伟强、陕西学前师范学院刘炜担任副主编。来自企业的工程师曹晶、蔡世颖、曲树波、魏罗燕也参与了该书部分章节的编写。

由于编者水平有限，疏漏之处在所难免，敬请读者批评、指正。

编　者

2023 年 1 月

目　录

项目 1　设计制作用户登录界面 ……………………………………………… 1

　　任务1.1　创建 Visual C♯ 编程环境 ……………………………… 1

　　　　1.1.1　了解.NET 框架和 C♯ 语言 ………………………… 1

　　　　1.1.2　安装 Visual Studio 2019 编程环境 ……………… 2

　　　　1.1.2　熟悉 Visual Studio 2019 编程环境 ……………… 8

　　任务 1.2　设计制作用户登录界面 ……………………………… 13

　　项目小结 …………………………………………………………… 21

　　项目拓展 …………………………………………………………… 21

项目 2　设计制作计算器程序 …………………………………………… 22

　　任务 2.1　设计基本计算语句 …………………………………… 22

　　　　2.1.1　C♯ 常量与变量 …………………………………… 22

　　　　2.1.2　使用 C♯ 数据类型 ………………………………… 23

　　　　2.1.3　使用 C♯ 运算符与表达式 ………………………… 25

　　　　2.1.4　编写基本流控制语句 ……………………………… 28

　　任务 2.2　设计制作简单的计算器程序 ………………………… 35

　　　　2.2.1　创建计算器界面 …………………………………… 35

　　　　2.2.2　编写计算器程序的代码 …………………………… 37

　　　　2.2.3　使用异常调试语句改进计算器代码 ……………… 39

　　任务 2.3　设计通用计算器程序 ………………………………… 43

　　　　2.3.1　设计通用计算器界面 ……………………………… 43

　　　　2.3.2　编写通用计算器代码 ……………………………… 43

　　　　2.3.3　运行并测试通用计算器 …………………………… 46

　　项目小结 …………………………………………………………… 47

　　项目拓展 …………………………………………………………… 47

项目 3　设计制作考试系统 ……………………………………………… 48

　　任务 3.1　使用基本控件创建考试系统界面 …………………… 48

　3.1.1　使用 RadioButton 控件 ·· 48

　3.1.2　使用 CheckBox 控件 ··· 50

　3.1.3　使用 RichTextBox 控件 ··· 52

　3.1.4　使用 LinkLabel 控件 ··· 55

　3.1.5　使用 toolStrip 控件 ··· 57

　3.1.6　使用 ListBox 控件 ··· 60

　3.1.7　使用 menuStrip 控件 ··· 62

　任务 3.2　考试系统的实现 ··· 64

　3.2.1　考试系统的需求分析和功能设计 ·· 64

　3.2.2　设计考试系统界面 ··· 65

　3.2.3　编写考试系统代码 ··· 66

　3.2.4　测试并发布考试系统 ·· 67

　项目小结 ·· 69

　项目拓展 ·· 69

项目 4　设计制作图书管理系统 ·· 70

　任务 4.1　安装并使用 SQL Server 2017 数据库 ······························· 70

　任务 4.2　SQL Server 2017 数据库的基本操作 ································· 75

　4.2.1　数据库的基本操作 ··· 75

　4.2.2　数据表的基本操作 ··· 79

　4.2.3　使用基本 SQL 语句 ··· 83

　任务 4.3　使用 ADO.NET 操作 SQL Server 2008 ····························· 87

　4.3.1　了解 ADO.NET ·· 87

　4.3.2　使用 Connection 对象 ·· 90

　4.3.3　使用 SqlCommand 对象与 SqlDataReader 对象 ····················· 93

　4.3.4　使用 DataSet 对象 ·· 101

　任务 4.4　图书管理系统的实现 ·· 105

　4.4.1　图书管理系统整体功能设计 ·· 105

　4.4.2　图书管理系统数据库设计 ··· 106

　4.4.3　图书管理系统详细设计 ·· 107

　项目小结 ··· 123

　项目拓展 ··· 123

项目 5　设计制作文件管理系统 ·· 124

　任务 5.1　文件管理系统功能的总体设计 ······································· 124

　任务 5.2　设计制作简单的文件管理系统 ······································· 125

　5.2.1　设计制作创建文件的功能 ··· 125

　5.2.2　设计制作显示文件信息的功能 ·· 130

5.2.3 设计制作读/写文件的功能 ……………………………… 133

5.2.4 设计制作文件比较的功能 …………………………… 136

项目小结 …………………………………………………………… 139

项目拓展 …………………………………………………………… 139

项目 6 设计制作酒店客房管理系统 …………………………… 140

任务 6.1 系统功能总体设计 ……………………………………… 140

6.1.1 系统的功能结构设计 ……………………………… 140

6.1.2 系统的数据库设计 ………………………………… 141

任务 6.2 系统详细设计 …………………………………………… 145

6.2.1 设计用户登录界面 login.cs …………………………… 147

6.2.2 设计管理主界面 WFMain.cs ………………………… 150

6.2.3 设计管理员注册功能界面 MRegister.cs …………… 155

6.2.4 设计管理员更新功能界面 MUpdate.cs …………… 158

6.2.5 设计客房楼信息管理界面 BuildInfo.cs …………… 164

6.2.6 设计客房信息管理界面 DormInfo.cs ……………… 175

6.2.7 设计客户信息录入界面 StuInfoRegister.cs ………… 186

6.2.8 设计入住信息管理界面 DormRegister.cs ………… 188

6.2.9 设计报修信息登记功能界面 RepairRecord.cs ……… 193

6.2.10 设计维修情况反馈功能界面 RepairFeedback.cs …… 197

6.2.11 设计客房违规记录功能界面 DormFouls.cs ……… 202

6.2.12 设计客房违规处理功能界面 FoulsFeedback.cs …… 206

6.2.13 设计查询客户信息功能界面 InfoSearch.cs ……… 210

项目小结 …………………………………………………………… 216

项目拓展 …………………………………………………………… 216

项目 7 设计制作企业人事管理系统 …………………………… 217

任务 7.1 系统功能总体设计 ……………………………………… 217

7.1.1 系统功能结构设计 ………………………………… 217

7.1.2 系统的数据库设计 ………………………………… 218

任务 7.2 企业人事管理系统详细设计 …………………………… 226

7.2.1 系统公共类设计 …………………………………… 226

7.2.2 设计制作用户登录界面 F_Login.cs ………………… 237

7.2.3 设计制作系统管理主界面 F_Main.cs ……………… 238

7.2.4 设计制作数据基础设置界面 F_Basic.cs …………… 246

7.2.5 设计制作设置提示日期界面 F_ClewSet.cs ………… 250

7.2.6 设计制作人事档案管理界面 F_ManFile.cs ………… 251

7.2.7 设计制作人事资料查询界面 F_Find.cs …………… 270

7.2.8　设计制作人事资料统计界面 F_Stat.cs ·········· 273

7.2.9　设计制作日常记事界面 F_WordPad.cs ·········· 275

7.2.10　设计制作管理通信录界面 F_AddressList.cs ·········· 280

7.2.11　设计制作用户管理界面 F_User.cs ·········· 285

项目小结·········· 290

项目拓展·········· 290

项目 1   设计制作用户登录界面

通过本项目,让读者了解 Visual C# 及编程环境。了解 Visual C# 最新的编程环境 Visual Studio 2019 的安装方法及安装步骤,了解 Visual Studio 2019 的新特性及编程环境各模块的功能。通过制作用户登录系统,让读者掌握使用 Visual Studio 2019 开发 Windows 应用程序的步骤及方法。

任务 1.1   创建 Visual C# 编程环境

1.1.1   了解.NET 框架和 C#语言

1. 微软.NET 框架介绍

随着网络经济的到来,微软希望帮助用户能够在任何时候、任何地方、利用任何工具都可以获得网络上的信息,并享受网络通信所带来的便捷,.NET 战略就是为实现这样的目标而设立的。微软公司曾公开宣布,今后将着重于网络服务和网络资源共享的开发工作,将会为公众提供更加丰富、有用的网络资源与服务。微软的 .NET 标志如图 1-1 所示。

微软.NET 平台的基本思想是:侧重点从连接到互联网的单一网站或设备上,转移到计算机、设备和服务群组上,使其通力合作,提供更广泛、更丰富的解决方案。用户将能够控制信息的传送方式、时间和内容。计算机、设备和服务将能够相辅相成,从而提供丰富的服务,而不是像孤岛那

图 1-1   微软.NET 标志

样,由用户提供唯一的集成。企业能提供一种方式,允许用户将他们的产品和服务无缝地嵌入自己的电子架构中。

从技术的角度,一个.NET 应用是一个运行于.NET Framework 之上的应用程序。更精确地说,一个.NET 应用是一个使用.NET Framework 类库来编写,并运行于公共语言运行时(Common Language Runtime)之上的应用程序。如果一个应用程序跟.NET

Framework 无关,它就不能叫作.NET 程序。比如,仅仅使用 XML 并不就是.NET 应用,仅仅使用 SOAP SDK 调用一个 Web Service 也不是.NET 应用。.NET 是基于 Windows 操作系统运行的操作平台,应用于互联网的分布式。

2. C♯语言介绍

C♯(读作 C sharp)是微软公司在 2000 年 6 月发布的一种编程语言,并在微软职业开发者论坛(PDC)上登台亮相。C♯语言在格式上与 Java 语言有着很多的相似之处,它包括诸如单一继承、界面、与 Java 相似的语法,和编译成中间代码再运行的过程。但是 C♯与 Java 又有着明显的不同,它借鉴了 Delphi 的一个特点,与 COM(组件对象模型)是直接集成的,而且它是微软公司.NET 框架类库的主角。.NET 体系结构如图 1-2 所示。

图 1-2 .NET 体系结构

.NET Framework 是用于 Windows 的新托管代码编程模型。它将自身强大的功能与新技术结合起来,用于构建具有视觉上引人注目的用户体验的应用程序,实现跨技术边界的无缝通信,并且能支持各种业务流程。

1.1.2 安装 Visual Studio 2019 编程环境

Visual Studio 2019 能够开发的程序包括项目和网站两种,其中项目有 Visual C♯ .NET、Visual Basic.NET、Visual C++ .NET 和 Visual J♯.NET 等。Visual C♯ 项目应用程序是 Visual Studio 2019 的重要组成部分。2018 年 6 月,微软公司宣布开发新一代 IDE(integrated development environment,集成开发环境)Visual Studio 2019。2019 年 4 月 2 日,微软 Visual Studio 2019 正式版发布。

1. Visual Studio 2019 新特性

（1）开发方面

通过改进的性能、即时代码清理和更好的搜索结果来保持专注和高效。新搜索更快、更有效。现在,搜索结果会在用户输入信息时动态显示。C♯ 中有很多新颖有用的重构,更便于组织代码。新版本更新了测试资源管理器,改进了大型测试集的处理,简化了筛选功能,增加了可发现的命令和选项卡式播放列表视图,并增加了允许微调所显示测试信息的可自定义列。

（2）协作方面

在 Visual Studio 中,通过 Git 优先工作流、实时编辑和调试,以及代码评审,使不同开发者可以实现协作。Visual Studio Live Share 是一项开发者服务,可让用户与团队成员共享代码库及上下文,并直接从 Visual Studio 内获得即时双向协作。微软正在推出一个新的扩展,用户可以下载该扩展,并与 Visual Studio 2019 一起使用。

（3）调试方面

突出显示并导航到特定值,优化了内存的使用,并对应用程序的执行提供自动快照功能。采用了曾经 C++ 独有的数据断点,并将其用于 .NET Core 应用程序。在 Visual Studio 2019 中,在监视、局部变量和自动窗口中添加了搜索,以帮助用户查找相应的对象和值。

2. 安装 Visual Studio 编程环境

Visual Studio 2019 安装所需系统最低要求如表 1-1 所示。

表 1-1　Visual Studio 2019 安装所需系统最低要求

类　　型	要　　求
支持的操作系统	Windows 10 版本或更高版本; Windows Server 2019 版本有 Standard 和 Datacenter; Windows Server 2016 版本有 Standard 和 Datacenter; Windows 8.1 版本有核心板、专业版和企业版; Windows Server 2012 R2 版本有 Essentials、Standard、Datacenter; Windows 7 SP1 版本有家庭高级版、专业版、企业版、旗舰版
硬件	处理器:1.8 GHz 以上; 内存:2 GB 以上; 硬盘空间:800 MB 以上; 显示分辨率:至少为 1280×720 像素

以下是 Visual Studio 2019 社区版的安装步骤。

（1）启动安装程序,如图 1-3 所示。

（2）单击"继续"按钮,会显示下载及安装进度,如图 1-4 所示。

（3）下载及安装完成以后,进入如图 1-5 所示的界面。

（4）选择要安装的选项,如图 1-6 所示。

（5）单击"安装"按钮,进入如图 1-7 所示的界面。

（6）接下来显示安装进度,这个过程需要一段时间,如图 1-8 所示。

（7）软件安装完成后,进入如图 1-9 所示的界面。

（8）在界面中创建账号,或者单击"以后再说",进入图 1-10 所示的界面。

图 1-3　启动安装程序界面

图 1-4　显示下载及安装进度

图 1-5　安装选项选择界面

图 1-6　选择需要安装的选项

图 1-7　下载和安装界面

图 1-8　显示安装进度

图 1-9　登录界面

（9）选择 Visual Studio 的颜色主题，单击"启动 Visual Studio"按钮，进入如图 1-11
所示的界面。

图 1-10 选择 Visual Studio 的颜色主题

图 1-11 启动之后的 Visual Studio 2019 界面

1.1.2 熟悉 Visual Studio 2019 编程环境

Visual Studio 2019 将程序开发中用到的各种功能集成在一个公共的工作环境中，称为 IDE。在该编程开发环境中提供了各种控件、窗口和方法，用户可以方便地进行各种应用程序的开发，以及在各种开发界面中切换，可以在很大程度上节约开发时间。

Visual Studio 2019 的开发环境主要由以下几部分组成：菜单、工具栏、窗体、工具箱、"属性"窗口、解决方案资源管理器和服务器资源管理器等。

1. 菜单

菜单包括"文件""编辑""视图""项目""生成""调试""测试""分析""工具""扩展""窗口"和"帮助"，其中包含了开发 Visual C#程序常见的命令。

（1）"文件"菜单如图 1-12 所示，它包含的部分菜单项说明如下。

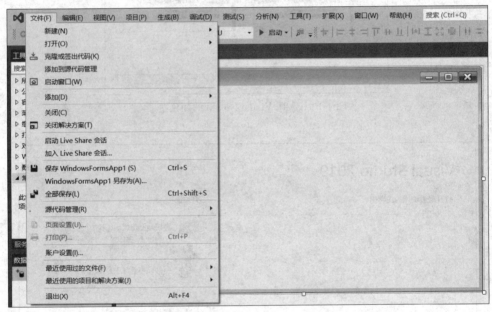

图 1-12 "文件"菜单的下拉菜单

- "新建"：支持新建项目、文件等。
- "打开"：支持打开已有的项目、文件等。
- "关闭"：关闭正在编写的项目。
- "关闭解决方案"：关闭正在编写的解决方案。
- "退出"：退出 Visual Studio 2019 编程环境。

（2）"编辑"菜单包含的部分菜单项有"撤销""重做""剪切""复制""粘贴"等，如图 1-13 所示。

（3）"视图"菜单如图 1-14 所示，它包含的部分菜单项说明如下。

8

图 1-13 "编辑"菜单的下拉菜单

图 1-14 "视图"菜单的下拉菜单

- "解决方案资源管理器"：打开解决方案资源管理器窗口。
- "服务器资源管理器"：打开和服务器以及数据库相关内容的操作界面。
- "类视图"：打开类视图窗口。
- "工具箱"：打开工具箱窗口。
- "属性窗口"：打开控件的属性窗口。

（4）"项目"菜单，如图1-15所示，它包含的部分菜单项说明如下。

图 1-15 "项目"菜单的下拉菜单

- "添加 Windows 窗体"：向已有的应用程序中添加新的窗体。
- "添加用户控件（Windows 窗体）"：添加用户自定义的控件。
- "添加类"：添加 C♯ 的类。
- "设为启动项目"：将正在编辑的项目设为启动项。

（5）"调试"菜单如图1-16所示，它包含的部分菜单项说明如下。

- "开始调试"：启动正在编辑的项目进行调试。
- "开始执行（不调试）"：启动正在运行的项目。

2. 工具栏

工具栏在菜单栏的下面，如图1-17所示。工具栏提供了常用命令的快速访问按钮，单击某个按钮，可执行对应的操作，效果和使用菜单是一样的。

3. 窗体

在创建了一个 Windows 应用程序后，系统会自动生成一个默认的窗体，也就是应用程序界面。在开发过程中，用户编程使用的各种控件就是布局在窗体之上的，当程序运行

图 1-16 "调试"菜单的下拉菜单

图 1-17 工具栏

时,用户所看到的就是窗体。应用程序的设计界面如图 1-18 所示。

图 1-18 应用程序的设计界面

4. 工具箱

工具箱中提供了各种控件、容器、菜单和工具栏、组件、对话框和数据等。在默认情况下,工具箱将控件和各种组件按照功能的不同进行了分类,如图 1-19 所示。

用户在编程过程中可以根据需要选择各种控件和组件。如果所需要的控件或者组件在工具箱中找不到,可以单击工具箱右侧的下拉按钮,选择"选择项",打开"选择工具箱项"对话框,如图 1-20 所示。

图 1-19　工具箱

图 1-20　"选择工具箱项"对话框

5. "属性"窗口

"属性"窗口包含选定对象（Form 窗体或控件）的属性、事件列表。在设计程序时可以通过修改对象的属性来设计程序界面的外观和相关值,这些属性值将是程序运行时各对象属性的初始值。"属性"窗口包括"按分类排序""字母顺序""属性""事件"等按钮,分别用于设置显示属性或者事件,以及显示时是按照分类还是按照字母顺序,如图 1-21 所示。

6. 解决方案资源管理器

解决方案资源管理器采用 Windows 资源管理器的界面,按照文件层次列出当前解决方案中的所有文件。解决方案资源管理器包括"主页""切换视图""挂起更改筛选器""与活动文档同步""刷新""全部折叠"等按钮,如图 1-22 所示。

图 1-21　"属性"窗口

图 1-22　"解决方案资源管理器"窗口

任务 1.2　设计制作用户登录界面

1. 要求和目的

(1) 要求

设计一个用户登录界面,对用户输入的"用户名"和"密码"进行验证,假设正确的用户名为 admin,密码为 123。如果用户名和密码验证成功后,将进入登录后界面;如果"用户

设计制作用

户登录界面

13

名或者密码"验证失败，将给出错误提示，并要求重新登录。

（2）目的
- 掌握标签控件（Label）的使用方法。
- 掌握文本框控件（TextBox）的使用方法。
- 掌握编写C♯基本语句的方法。
- 掌握简单 Visual C♯类型的 Windows 窗体应用的编写流程。

2. 设计步骤

（1）设计界面

打开 Visual Studio 2019 编程环境，选择"文件"→"新建"→"项目"菜单命令。创建一个名称为 1-2-1 的 Visual C♯类型的 Windows 窗体应用，如图 1-23 所示。

图 1-23　新建 C♯类型的 Windows 窗体应用

在该界面中，选择 Windows 窗体应用（.NET Framework），然后单击"下一步"按钮，进入如图 1-24 所示的界面。

接着输入项目名称，选择项目存放位置，然后单击"创建"按钮，将创建一个应用程序，界面如图 1-25 所示。

首先将窗体的 Text 属性改为"用户登录"。从工具箱中拖入 1 个 Label 控件，用于显示文本"用户登录界面"，并设置 Label 控件的 Font 属性。再拖入 2 个 Label 控件，分别用于显示文本"用户名""密码"。然后拖入 2 个 TextBox 控件，分别用作"用户名"和"密码"的输入框。设置显示密码的 TextBox 控件的 PasswordChar 属性为" ＊"；最后拖入

14

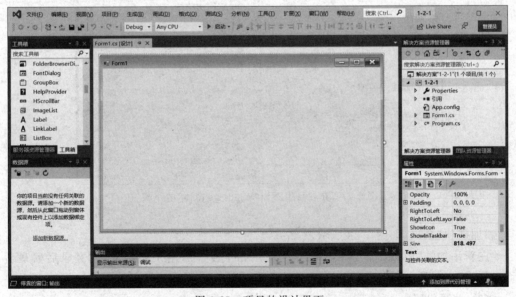

图 1-24   新建项目

图 1-25   项目的设计界面

2 个 Button 按钮,分别用作"登录"和"取消"按钮。设计好的界面如图 1-26 所示。

在"解决方案资源管理器"窗口中右击项目名称,在弹出的菜单中选择"添加"命令的二级菜单项"Windows 窗体"命令,如图 1-27 所示。将出现添加新的 Windows 窗体的向

图 1-26 用户登录界面

图 1-27 在项目中添加"Windows 窗体"的步骤

导"添加新项"窗口，如图 1-28 所示。

在新添加的"Form2 窗体"中拖入一个"Label 控件"，用于显示文本"登录后管理界面"，如图 1-29 所示。

（2）编写代码

双击"登录"按钮，进入该按钮的单击事件，编写程序如代码 1-1 所示。

代码 1-1 "登录"按钮的单击事件。

```
private void button1_Click(object sender, EventArgs e)
{
```

图 1-28 "添加新项"窗口

图 1-29 Form2 的设计界面

```
string name =textBox1.Text.ToString();
string pass =textBox2.Text.ToString();
if (name =="" || name ==null)
{
    MessageBox.Show("用户名不能为空");
    textBox1.Focus();
}
else
{
    if (pass =="" || pass ==null)
    {
        MessageBox.Show("密码不能为空");
        textBox2.Focus();
```

17

```
        }
        else
        {
            if ((name =="admin") && (pass =="123"))
            {
                Form2 f2 =new Form2();
                f2.Show();
                this.Hide();
            }
            else
            {
                MessageBox.Show("用户名或者密码错误,请重新登录");
                textBox1.Text ="";
                textBox2.Text ="";
                textBox1.Focus();
            }
        }
    }
}
```

双击"取消"按钮,进入该按钮的单击事件,编写程序如代码 1-2 所示。

代码 1-2 "取消"按钮的单击事件。

```
private void button2_Click(object sender, EventArgs e)
{
    this.Close();
}
```

(3) 启动运行并调试应用程序

在 Visual Studio 2019 编程环境中,选择"调试"→"开始调试"菜单命令,将应用程序运行起来,效果如图 1-30 所示。

图 1-30 "用户登录界面"程序运行

在"用户登录界面"程序界面中输入"用户名"和"密码"进行测试,如果输入正确的"用户名"和"密码",将跳转到系统登录后的"登录后管理界面",如图 1-31 所示。

如果在"用户登录界面"中输入错误的"用户名"或者"密码"，则会弹出提示窗口，如图 1-32 所示。

图 1-31　系统登录后的"登录后管理界面"　　　图 1-32　用户名或者密码错误的提示窗口

3. 相关背景知识

（1）Form 类

Form 类是.NET 系统中定义的窗体类（WinForm），它属于 System.Windows.Forms 命名空间。Form 类对象具有 Windows 应用程序窗口的最基本功能，它可以是对话框、单文档或多文档应用程序窗口的基类。Form 类对象还是一个容器，在 Form 窗体中可以放置其他控件，例如"菜单控件""工具条控件"等，还可以放置子窗体。Form 类的常用属性如表 1-2 所示。

表 1-2　Form 类的常用属性

属性名称	属 性 含 义
AutoScroll	布尔变量，表示窗口是否在需要时自动添加滚动条
FormBorderStyle	窗体边界的风格，如有无边界、单线、3D、是否可调整等
Text	字符串类对象，窗体标题栏中显示的标题
AcceptButton	记录用户按 Enter 键时，相当于单击窗体中的某个按钮对象
CanceButton	记录用户按 Esc 键时，相当于单击窗体中的某个按钮对象。以上两个属性多用于对话框，例如打开文件对话框，用户按 Enter 键，相当于单击"确定"按钮
MaxiMizeBox	确定窗体标题栏右侧最大化按钮是否可用。设置为 false，按钮不可用
MiniMizeBox	确定窗体标题栏右侧最小化按钮是否可用。设置为 false，按钮不可用。如果属性 MaxiMizeBox 和 MiniMizeBox 都设置为 false，将不显示这两个按钮。在不希望用户改变窗体（例如对话框）大小时，将两者都设置为 false

Form 类的常用方法如表 1-3 所示。

表 1-3　Form 类的常用方法

方法名称	方 法 含 义
Close()	关闭窗体，释放所有资源。如窗体为主窗体，执行此方法则程序结束
Hide()	隐藏窗体，但不破坏窗体，也不释放资源，可用 Show() 方法重新打开窗体
Show()	显示窗体

Form 类的常用事件如表 1-4 所示。

表 1-4　Form 类的常用事件

事件名称	属 性 含 义
Load	在窗体显示之前发生，可以在其事件处理函数中做一些初始化的工作

（2）标签（Label）控件

标签控件用来显示一行文本信息，但文本信息是不能编辑的。标签控件常用来输出标题、显示处理结果和标记窗体上的对象。标签控件一般不用于触发事件。标签控件的常用属性如表 1-5 所示。

表 1-5　标签控件的常用属性

属性名称	属 性 含 义
Text	显示的字符串
AutoSize	确定控件大小是否随字符串大小自动调整。默认值为 false，表示不调整
ForeColor	显示的字符串颜色
Font	字符串所使用的字体，包括所使用的字体名、字体的大小、字体的风格等

（3）按钮（Button）控件

按钮（Button）控件是用户单击按钮，触发单击事件，在单击事件处理函数中完成相应的操作。按钮控件的常用属性和事件如表 1-6 所示。

表 1-6　按钮控件的常用属性和事件

名　　称	含　　义
属性 Text	按钮表面的标题
事件 Click	用户单击触发的事件，一般称作单击事件

（4）TextBox 控件

TextBox 控件是用户输入文本的区域，也叫文本框。TextBox 控件的常用属性如表 1-7 所示。

表 1-7　TextBox 控件的常用属性

属性名称	属 性 含 义
Text	用户在文本框中输入的字符串
MaxLength	单行文本框最多输入的字符数
ReadOnly	布尔变量，为 true 时文本框不能编辑
PasswordChar	字符串类型，允许输入一个字符。比如输入一个字符，则用户在文本框中输入的所有字符都显示这个字符。一般用来输入密码
MultiLine	布尔变量，为 true 表示多行文本框，为 false 表示单行文本框
ScrollBars	MultiLine＝true 时有效，ScrollBars 值有 4 种选择：为 0 表示无滚动条；为 1 表示有水平滚动条；为 2 表示有垂直滚动条；为 3 表示有水平和垂直滚动条

续表

属性名称	属 性 含 义
SelLength	可选中文本框中的部分或全部字符,本属性为所选择的文本的字符数
SelStart	所选中文本的开始位置
SelText	所选中的文本
AcceptsReturn	MultiLine＝ true 时有效,是布尔变量。AcceptsReturn 为 true 表示输入回车、换行;AcceptsReturn 为 false 表示输入为 Enter 键,相当于单击窗体中的默认按钮

TextBox 控件的常用事件如表 1-8 所示。

表 1-8　TextBox 控件的常用事件

事件名称	事 件 含 义
TextChanged	文本框中的字符发生变化时触发的事件

（5）命名空间

命名空间提供了一种组织相关类和其他类型的方式。与文件或组件不同,命名空间是一种逻辑组合,而不是物理组合。C♯程序是利用命名空间组织起来的。命名空间既用作程序的"内部"组织系统,也用作程序的"外部"组织系统(一种向其他程序公开自己拥有的程序元素的方法)。

项 目 小 结

本项目设计制作了一个用户登录模块,通过本项目的设计制作,让读者掌握了在 Visual Studio 2019 编程环境中编写 Visual C♯类型的 Windows 窗体应用程序的方法及流程,以及简单控件的使用方法。

项 目 拓 展

读者可以根据本项目的设计情况,试着编写一个简单的猜数字对错的程序,即通过用户的输入,程序给出大或者小的提示,直到用户猜到正确的数字为止,并记录用户猜的次数。

项目 2 设计制作计算器程序

本项目将设计制作一个通用的计算器程序。通过本项目的设计制作，让读者掌握 C♯ 语言的基本数据类型、运算符与表达式的写法，以及基本语句的写法。

任务 2.1 设计基本计算语句

2.1.1 C♯常量与变量

1. 常量

常量是指在程序运行的过程中其值保持不变的量。Visual C♯ 2008 的常量包括符号常量、数值常量、字符常量、字符串常量和布尔常量等。

符号常量一经声明就不能在任何时候改变其值。在 Visual C♯ 2008 中，采用 const 语句来声明常量，其语法格式为：

const<数据类型><常量名>=<表达式>…

对以上语法格式的说明如下。

- <数据类型>：如果多个常量的数据类型是相同的，可在同一行中声明这些常量，声明时用逗号将它们隔开。例如：

```
const int NUM1=10,NUM2=100,NUM3=1000;
```

- "<常量名>"：遵循标识符的命名规则，一般采用大写字母。
- "=<表达式>"：由数值、字符、字符串常量及运算符组成，也可以包括前面定义过的常量，但是不能使用函数调用。例如：

```
const int MAX=100;                    //声明常量 MAX,整型
const float PI=3.14F;                 //声明常量 PI,单精度型
const string STR="2009010101";        //声明常量 STR,字符串型
```

2. 变量

变量是在程序运行的过程中其值可以改变的量，它表示数据在内存中的存储位置。每个变量都有一个数据类型，以确定哪些数据类型的数据能够存储在该变量中。

C♯是一种数据类型安全的语言,编译器总是保证存储在变量中的数据具有合适的数据类型。

在C♯中,声明变量的语法格式为:

<数据类型><变量名>=<表达式>…

对以上语法格式的说明如下。

- <数据类型>:一行可以声明多个相同类型的变量,且只需指定一次数据类型,变量与变量之间用逗号隔开,例如:

```
int num1=10,num2=100,num3=1000,num4=10000;
```

- "<变量名>":遵循C♯合法标识符的命名规则。
- "=<表达式>":为可选项,可以在声明变量时给变量赋一个初值(即变量的初始化),例如:

```
float x=12.3;              //声明单精度型变量 x 并赋初值 12.3
```

等价于:

```
float x;
x=12.3;
```

2.1.2 使用C♯数据类型

1. 值类型和引用类型

C♯语言中的数据类型分值类型和引用类型两种。

在C♯语言中,值类型变量存储的是数据类型所代表的实际数据,值类型变量的值(或实例)存储在栈(Stack)中,赋值语句是传递变量的值。引用类型(如类就是引用类型)的实例,也叫对象,不保存在栈中,而存储在可管理堆(Managed Heap)中。堆实际上是计算机系统中的空闲内存。引用类型变量的值存储在栈(Stack)中,但存储的不是引用类型对象,而是存储引用类型对象的引用,即地址。与指针所代表的地址不同,引用所代表的地址不能被修改,也不能转换为其他类型地址,它是引用型变量,只能引用指定类对象,引用类型变量赋值语句是传递对象的地址。

例如,int 是值类型,这表示下面的语句会在内存的两个地方存储值 20。

```
i=20;  j=i;
```

如果变量是一个引用,就可以把其值设置为 null,表示它不引用任何对象。

```
y=null;
```

把基本类型(如 int 和 bool)规定为值类型,而把包含许多字段的较大类型(通常在有类的情况下)规定为引用类型,C♯设计这种方式的原因是可以得到最佳性能。如果要把自己的类型定义为值类型,就应该把它声明为一个结构。下面的实例说明引用类型和值类型的关系。

```
using System;
class MyClass                           //类为引用类型
{
    public int a=0;
}
class Test
{
    static void Main()
    {
        f1();
    }
    static public void f1()
    {
        int a1=1;                       //值类型变量 a1,其值 1 存储在栈(Stack)中
        int a2=a1;                      //将 a1 的值(为 1)传递给 a2,a2=1,a1 值不变
        a2=2;                           //a2=2,a1 值不变
        MyClass r1=new MyClass();       //引用变量 r1 存储 MyClass 类对象的地址
        MyClass r2=r1;                  //r1 和 r2 都代表是同一个 MyClass 类对象
        r2.a=2;                         //与语句 r1.a=2 等价
    }
}
```

2. C♯的数据类型

C♯的数据类型如表 2-1 所示。

表 2-1　C♯的数据类型

C♯数据类型	所属的.NET框架类	大小(位)	说　　明
bool	System.Boolean	8	逻辑值,true 或者 false,默认值为 false
byte	System.Byte	8	无符号的字节,所存储的值的范围是 0~255,默认值为 0
sbyte	System.SByte	8	带符号的字节,所存储的值的范围是 −128~127,默认值为 0
char	System.Char	16	无符号的 16 位 Unicode 字符,默认值为'\0'
decimal	System.Decimal	128	不遵守四舍五入规则的十进制数,默认值为 0.0m
double	System.Double	64	双精度的浮点类型,默认值为 0.0d
float	System.Single	32	单精度的浮点类型,默认值为 0.0f
int	System.Int32	32	带符号的 32 位整型,默认值为 0
uint	System.UInt32	32	无符号的 32 位整型,默认值为 0
long	System.Int64	64	带符号的 64 位整型,默认值为 0
ulong	System.UInt64	64	无符号的 64 位整型,默认值为 0
short	System.Int16	16	带符号的 16 位整型,默认值为 0

C♯数据类型	所属的.NET框架类	大小(位)	说　　明
ushort	System.UInt16	16	无符号的 16 位整型,默认值为 0
string	System.String	32	指向字符串对象的引用,0 至大约 20 亿个 Unicode 字符,默认值为 null
object	System.Object	32	指向类实例的引用,默认值为 null

使用 C♯ 运算符与表达式

2.1.3　使用 C♯运算符与表达式

1. 要求和目的

(1) 要求

编写一个控制台程序,能够计算 $1!+2!+3!+4!+\cdots+n!$ 的值(注: n 从键盘输入)。

(2) 目的

- 掌握控制台应用程序的创建方法。
- 掌握运算符与表达式的编程方法。

2. 设计步骤

(1) 打开 Visual Studio 2019 编程环境,选择"文件"→"新建项目"菜单命令,创建一个名称为 2-1-3 的 C♯控制台应用程序,如图 2-1 所示。编写程序如代码 2-1 所示。

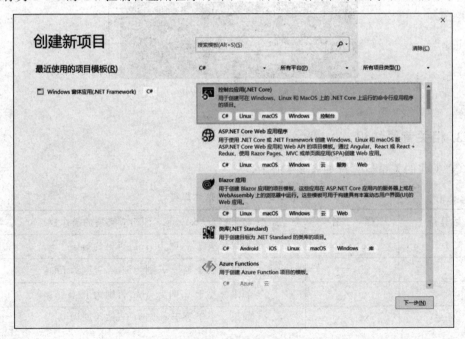

图 2-1　新建控制台应用程序

代码 2-1 计算代码。

```csharp
static void Main(string[] args)
{
    int i,a;
    Console.WriteLine("请输入一个非负整数:");
    a=Convert.ToInt32(Console.ReadLine());
    if (a<0)
        Console.WriteLine("请重新输入:");
    else if (a==1||a==0)
        Console.WriteLine("n!=1");
    else
    {
        i=a;
        while (i>1)
        {
            a=a * (i-1);
            i--;
        }
        Console.WriteLine(a);
    }
    Console.ReadLine();
}
```

（2）在 Visual Studio 2019 编程环境中,选择"调试"→"开始调试"菜单命令,将程序运行起来,程序运行效果如图 2-2 所示。

图 2-2　程序运行效果

3. 相关背景知识

（1）C♯的关系运算符如表 2-2 所示。

表 2-2　C♯的关系运算符

运算符	操　　作	结果(假设 x、y 是某种相应类型的操作数)
>	x>y	如果 x 大于 y,则为 true,否则为 false
>=	x>=y	如果 x 大于等于 y,则为 true,否则为 false
<	x<y	如果 x 小于 y,则为 true,否则为 false
<=	x<=y	如果 x 小于等于 y,则为 true,否则为 false

运算符	操作	结果（假设 x、y 是某种相应类型的操作数）
＝＝	x＝＝y	如果 x 等于 y,则为 true,否则为 false
！＝	x！＝y	如果 x 不等于 y,则为 true,否则为 false

（2）C♯的逻辑运算符如表 2-3 所示。

表 2-3　C♯的逻辑运算符

运算符	含义	运算符	含义
&	逻辑与	&&	短路与
│	逻辑或	││	短路或
^	逻辑异或	！	逻辑非

（3）C♯语言的运算符。

与 C 语言一样,如果按照运算符所作用的操作数个数来分,C♯语言的运算符可以分为以下几种类型。

- 一元运算符：作用于一个操作数,例如,－x、＋＋x、x－－等。
- 二元运算符：对两个操作数进行运算,例如,x＋y。
- 三元运算符：只有一个,即 x? y:z。

C♯语言运算符的详细分类及操作符从高到低的优先级顺序如表 2-4 所示。

表 2-4　C♯的操作符优先级

类别（优先级）	操作符
初级操作符（最高）	(x)　x.y　f(x)　a[x]　x++　x－－　new　typeof　sizeof　checked　unchecked
一元操作符	＋　－　！　~　++x　－x　(T)x
乘除操作符	*　/　%
加减操作符	＋　－
移位操作符	<<　>>
关系操作符	<　>　<=　>=　is　as
等式操作符	==　!=
逻辑与操作符	&
逻辑异或操作符	^
逻辑或操作符	│
条件与操作符	&&
条件或操作符	││
条件操作符	?:
赋值操作符（最低）	=　*=　/=　%=　+=　－=　<<=　>>=　&=　^=　│=

（4）C♯语言的赋值运算符如表 2-5 所示。

表 2-5　C♯的赋值运算符

运算符	赋值表达式示例	结果（设变量 a 的初始值为 2）
＝	a＝8（把值 8 赋给变量 a）	a＝8
＋＝	a＋＝8	a＝10（相当于 a＝a＋8）
－＝	a－＝8	a＝－6（相当于 a＝a－8）
＊＝	a＊＝8	a＝16（相当于 a＝a＊8）
/＝	a/＝2	a＝1（相当于 a＝a/2）

编写基本流
控制语句

2.1.4　编写基本流控制语句

1. 要求和目的

（1）要求

编写一个程序，能够产生一个 0～100 的随机数，让用户猜数字，根据用户输入的数字大小给出提示，直到用户猜出正确的数字为止。

（2）目的

- 掌握条件判断语句的使用方法。
- 掌握随机数函数的使用方法。
- 掌握循环控制语句的使用方法。

2. 设计步骤

（1）打开 Visual Studio 2019 编程环境，选择"新建"→"新建项目"菜单命令，新建一个名称为 2-1-4 的 C♯控制台应用程序，编写程序如代码 2-2 所示。

代码 2-2　判断数字的大小。

```
static void Main(string[] args)
{
    Random ra=new Random();
    int rndInt=ra.Next(1,100);
    Console.WriteLine("请输入一个整数(范围为 1~100)");
    Console.WriteLine("如果要退出,请输入 0!");
    int inputInt=int.Parse(Console.ReadLine());
    if (inputInt > =1 & inputInt < =100)
    {
        while (!(inputInt==0))
        {
            if (inputInt==rndInt)
            {
```

```
        Console.WriteLine("恭喜你,猜对了!");
        Console.WriteLine("继续输入 Y,退出输入 N!");
        string inputNext=Console.ReadLine();
        if (inputNext=="Y")
            rndInt=ra.Next(1,100);
        else
            return;
    }
    else if (inputInt<rndInt)
        Console.WriteLine("你猜小了!");
    else
        Console.WriteLine("你猜大了!");
    inputInt=System.Convert.ToInt32(Console.ReadLine());
    }
}
else
{
    Console.WriteLine("你的输入有误!请输入一个整数(范围为 1~100)");
    inputInt=int.Parse(Console.ReadLine());
}
}
```

（2）在 Visual Studio 2019 编程环境中,选择"调试"→"启动调试"菜单命令,使程序运行起来,程序运行效果如图 2-3 所示。

图 2-3　程序运行效果

（3）在界面中输入数字,进行测试,程序运行效果如图 2-4 所示。

3. 相关背景知识

（1）条件语句

程序设计具有 3 种控制流程,这 3 种控制流程的运行效果如图 2-5 所示。

（2）if 条件语句

if 语句是用于实现单条件(即只有一个条件)选择结构的语句,其特点是:如果给定条件(条件表达式)为真时,执行条件为真的语句组(以下称为"语句组 1");如果给定条件为假,则执行条件为假的语句组(以下称为"语句组 2")。

29

图 2-4　程序运行效果

(a) 顺序　　　　　　　　(b) 分支　　　　　　　　(c) 循环

图 2-5　程序设计的 3 种控制流程

对 if 语句的说明如下。

- 语句组 1、语句组 2 可以为空（空则表示不做任何处理），然而当两个语句组都为空就失去了选择的意义。
- 为养成良好的源代码书写习惯，如果必须设立空分支，应该将空分支作为条件为假的分支（即语句组 1 非空）。

根据上面的说明可以看出，单条件的 if 语句应当有两种形式：一个分支的 if 语句和两个分支的 if 语句（if...else 语句）。

① 一个分支的 if 语句

只具有一个分支的 if 语句的语法格式为：

```
if (<条件表达式>)
{
    <语句组>
}
```

对以上语法格式的说明如下。

- "<条件表达式>"：可以是关系表达式或逻辑表达式，表示执行的条件，运算结果是一个 bool 值（true 或 false）。
- "<语句组>"：可以是一条语句，也可以是多条语句。当只有一条语句时，花括号"{}"可以省略，但并不提倡这么做。

一个分支的 if 语句使用示例如下。

```
if (n %2==0)
{
    MessageBox.Show(n.ToString()+"是偶数");
}
```

② 两个分支的 if 语句

具有两个分支的 if...else 语句的语法格式为:

```
if (<条件表达式>)
{
    <语句组 1>
}
else
{
    <语句组 2>
}
```

对以上语法格式的说明如下。

- "<条件表达式>": 可以是关系表达式或逻辑表达式,表示执行的条件。
- <语句组 1>和<语句组 2>: 当"<条件表达式>"的值为 true(成立)时,执行 "<语句组 1>";反之,当"<条件表达式>"的值为 false(不成立)时,执行"<语 句组 2>"。

两个分支的 if 语句使用示例如下。

```
if (n %2==0)
{
    MessageBox.Show(n.ToString()+"是偶数");
}
else
{
    MessageBox.Show(n.ToString()+"是奇数");
}
```

③ if 语句的嵌套

if 语句的嵌套是指"<语句组 1>"或"<语句组 2>"中又包含 if 语句的情况,其形式为:

```
if (<条件表达式 1>)
{
    if (<条件表达式 2>)
}
else
{
}
```

嵌套的 if 语句的执行过程与前面介绍的类似,嵌套的层数一般没有具体的规定,但 是一般来说超过 10 层的嵌套就很少见了。

④ else if 嵌套格式

如果程序中出现了多层的 if 语句嵌套,会使程序的结构很不清晰,从而使代码的可读性变差。在这种情况下，应该使用 if 语句的嵌套格式 else if 来编写代码，这样可以使程序简明易懂。

if 语句的嵌套格式 else if 的语法格式为：

```
if (<条件表达式 1>)
    <语句组 1>
[else if (<条件表达式 2>)
    <语句组 2>]
[else if (<条件表达式 n>)
    <语句组 n>]
[else
    <语句组 n+1>]
```

对以上语法格式的说明如下。

- else 子句与 else if 子句都是可选项，可以放置多个 else if 子句，但必须置于在 else 子句之前。
- 执行过程：先测试<条件表达式 1>，如果成立，执行<语句组 1>；否则依次测试 else if 的条件，若成立，则执行相应的语句组，若都不成立，则执行 else 子句的 <语句组 n+1>。

嵌套格式 else if 语句的使用示例如下。

```
if (n %2==0)
{
    MessageBox.Show(n.ToString()+"是偶数");
}
else if (n %2==1)
{
    MessageBox.Show(n.ToString()+"是奇数");
}
else
{
    MessageBox.Show(n.ToString()+"既不是偶数,也不是奇数");
}
```

（3）switch 语句

使用 if 语句的嵌套可以实现多分支选择，但仍然不够快捷。为此，C♯ 提供了多分支选择语句 switch 来实现，其语法格式为：

```
switch (<表达式>)
{
    case<常量表达式 1>:
        <语句组 1>
        break;
    case<常量表达式 2>:
        <语句组 2>
        break;
    case<常量表达式 n>:
```

```
        <语句组 n>
        break;
    [default:
        <语句组 n+1>
        break;]
}
```

对以上语法格式的说明如下。

- "<表达式>"：为必选参数，一般为变量。
- "<常量表达式>"：用于与<表达式>匹配的参数，只可以是常量表达式，不允许使用变量或者有变量参与的表达式。
- "<语句组>"：不需要使用花括号"{}"括起来，而是使用 break 语句来表示每个 case 子句的结尾。
- default 子句：为可选项。

多分支 switch 语句的执行过程如下。

① 计算<表达式>的值。

② 用<表达式>的值与 case 后面的<常量表达式>去逐个匹配，若发现相等，则执行相应的语句组。

③ 如果<表达式>的值与任何一个<常量表达式>都不匹配，在有 default 子句的情况下，则执行 default 后面的<语句组 n+1>；若没有 default 子句，则跳出 switch 语句，执行 switch 语句后面的语句。

switch 语句的使用示例如下。

```
switch (n %2)
{
    case 0:
        MessageBox.Show(n.ToString()+"是偶数");
        break;
    case 1:
        MessageBox.Show(n.ToString()+"是奇数");
        break;
    default:
        MessageBox.Show(n.ToString()+"既不是偶数,也不是奇数");
        break;
}
```

（4）for 语句

在一般的程序设计语言中，for 语句用于确定循环次数的循环结构，但在 C、C++ 和 C♯ 中，for 语句是最灵活的一种循环语句。它不仅能用于确定循环次数的循环，也可以用于不确定循环次数的循环。

通常情况下，for 语句按照指定的次数执行循环体，循环执行的次数由一个变量来控制，通常把这种变量称为循环变量。for 语句的语法格式为：

```
for ([<表达式 1>]; [<表达式 2>]; [<表达式 3>])
{
```

```
    <循环体>
}
```

对以上语法格式的说明如下。

- <表达式 1>、<表达式 2>、<表达式 3>均为可选项，但其中的分号（;）不能省略。
- "<表达式 1>"：仅在进入循环之前执行一次，通常用于循环变量的初始化，如"i = 0"，其中 i 为循环变量。
- "<表达式 2>"：为循环控制表达式，当该表达式的值为 true 时，执行循环体；为 false 时跳出循环。通常是循环变量的一个关系表达式，如 i <= 10。
- "<表达式 3>"：通常用于修改循环变量的值，如 i++。
- "<循环体>"：即重复执行的操作块。

for 语句的使用示例如下。

```
int i;
int sum=0;
for (i=0; i<=10; i++)
{
    sum+=i;
}
```

（5）while 循环语句

与 for 语句一样，while 语句也是 C#的一种基本的循环语句，它常常用来解决根据条件执行循环而不关心循环次数的问题。while 语句的语法格式为：

```
while(<表达式>)
{
    <循环体>
}
```

对以上语法格式的说明如下。

- <表达式>为循环条件，一般为关系表达式或逻辑表达式。如，i<=10 或 n%3==0&&n%7==0（表示 n 既能被 3 整除又能被 7 整除）。
- <循环体>即反复执行的操作块。

将上面介绍的 for 语句使用示例改写成 while 语句：

```
int i=0;
int sum=0;
while (i<=10)
{
    sum+=i;
    i++;
}
```

（6）do...while 循环语句

do...while 语句类似于 while 语句，是 while 语句的变形，两者的区别在于 while 语句把循环条件的判断置于循环体执行之前,而 do...while 语句则把循环条件放在循环体执行之后。do...while 语句的语法格式为:

```
do
{
    <循环体>
} while (<表达式>);
```

对以上语法格式的说明如下。
- "<循环体>":反复执行的操作块。
- "<表达式>":为循环条件,一般为关系表达式或逻辑表达式。
- 在"while (<表达式>)"之后,应加上一个分号";",否则将发生编译错误。

将上面介绍的 for 语句使用示例改写成 do...while 语句:

```
int i=0;
int sum=0;
do
{
    sum+=i;
    i++;
} while (i<=10);
```

任务 2.2 设计制作简单的计算器程序

创 建 计 算
器 界 面

2.2.1 创建计算器界面

1. 要求和目的

(1) 要求

设计一个计算器,具有简单的运算功能,能进行两个操作数的"+""−""＊""/"运算,计算器的运行效果如图 2-6 所示。

(2) 目的
- 掌握 Label 控件的使用方法。
- 掌握 ComboBox 控件的使用方法。
- 掌握 Button 控件的使用方法。
- 掌握 TextBox 控件的使用方法。

2. 设计步骤

新建一个名称为 2-2-1 的 Visual C♯ Windows 应用程序,依次在界面上添加 5 个 Label 控件,分别用作"计算器""操作数 1""操作数 2""操作符"和"结果"等标签,并设置合适的字体及位置。添加 3 个 TextBox 控件,分别用于接收操作数和显示结果,其中,显

图 2-6　计算器运行界面

示结果的 TextBox 控件的 ReadOnly 属性设置为 true，即该文本框为只读。再添加 1 个 ComboBox 控件，用于选择操作符。最后添加 1 个 Button 控件，用作"计算"按钮。计算器界面设计好之后，如图 2-7 所示。

图 2-7　"计算器"设计界面

3. 相关背景知识

ComboBox 控件中有一个文本框，可以在文本框中输入字符，其右侧有一个向下的箭头，单击此箭头可以打开一个列表框，可以从列表框中选择希望输入的内容。

ComboBox 控件的常用属性如表 2-6 所示。

表 2-6 ComboBox 控件的常用属性

属 性 名 称	属 性 含 义
DropDownStyle	确定下拉列表组合框的类型。为 Simple 表示文本框可编辑,列表部分永远可见;为 DropDown 时是默认值,表示文本框可编辑,必须单击箭头才能看到列表部分;为 DropDownList 时表示文本框不可编辑,必须单击箭头才能看到列表部分
Items	存储 ComboBox 控件中的列表内容,对应 ArrayList 类对象,元素是字符串
MaxDropDownItems	下拉列表能显示的最大条目数(1~100),如果实际条目数大于此数,将出现滚动条
Sorted	表示下拉列表中条目是否以字母顺序排序,默认值为 false,即不允许
SelectedItem	所选择条目的内容,即下拉列表中选中的字符串。如一个也没选,该值为空。其实,属性 Text 也是所选择的条目的内容
SelectedIndex	编辑框所选列表条目的索引号,列表条目索引号从 0 开始。如果编辑框未从列表中选择条目,该值为−1

ComboBox 控件的常用事件如表 2-7 所示。

表 2-7 ComboBox 控件的常用事件

事 件 名 称	事 件 含 义
SelectedIndexChanged	被选索引号改变时发生的事件

2.2.2 编写计算器程序的代码

1. 要求和目的

(1)要求

编写一段代码,用于实现计算器的功能。在"操作数 1"和"操作数 2"文本框中填写上两个数字,并选择"运算符"。单击"计算"按钮之后,可以在"结果文本框"中显示计算结果。

(2)目的
- 掌握数据类型转换的方法。
- 掌握条件判断语句的编写方法。
- 掌握文本框控件属性的设置方法。

2. 设计步骤

(1)双击"计算"按钮,进入该按钮的单击事件,编写程序如代码 2-3 所示。

代码 2-3 "计算"控钮的单击事件。

```csharp
private void button1_Click(object sender,EventArgs e)
{
    double a1=double.Parse(textBox1.Text);
    double a2=double.Parse(textBox2.Text);
    double a3=0;
    if (comboBox1.Text.ToString()=="+")
    {
        a3=a1+a2;
    }
    if (comboBox1.Text.ToString()=="-")
    {
        a3=a1-a2;
    }
    if (comboBox1.Text.ToString()=="*")
    {
        a3=a1 * a2;
    }
    if (comboBox1.Text.ToString()=="/")
    {
        a3=a1/a2;
    }
    textBox3.Text=a3.ToString();
}
```

（2）在编写好代码之后，需要对代码进行测试，在 Visual Studio 2019 编程环境中，选择"调试"→"启动调试"菜单命令，使程序运行起来，并进行测试。

3. 相关背景知识

（1）C♯异常处理

与许多面向对象的语言一样，C♯也能处理可遇见的异常，比如在非正常条件（如断开网络连接或文件丢失）下的异常。

当应用程序遇到异常情况，程序将"抛"出一个异常，并中止当前方法，直到发现一个异常处理，那个堆栈才会清空。这意味着如果当前运行方法没有处理异常，那么将中止当前的方法，并调用其他方法，这样会得到一个处理异常的机会。如果没有调用方法处理它，那么该异常最终会被 CLR 处理，它将中止程序。

可以使用 try/catch 块来检测具有潜在危险的代码，并使用操作系统或者其他代码捕捉任何异常目标。catch 块用来实现异常处理，它包含一个执行异常事件的代码块，理想情况下，如果捕捉并处理了异常，那么应用程序可以修复这个问题并继续运行下去。即使应用程序不能继续运行，也可以捕捉这些异常，并显示有意义的错误信息，使应用程序安全终止。同时，也有机会将这些错误书写到日志中。

如果在方法中有一段代码无论是否碰到异常都必须运行（例如，释放已经分配的资源，关闭一个打开的文件），那么可以把代码放在 finally 块中。这样甚至在异常的代码中也能保证其运行。

（2）结构化异常处理

.NET 框架提供一种标准的错误报告机制,称为结构化异常处理。这种机制依赖于应用中报告错误的异常。在.NET 中,异常是一些提供错误信息的类,以某种方式编写代码监视异常的发生,然后以一种适当的方法处理异常。

在进行 C♯ 异常处理时,需要在代码中关注 3 个部分:可能导致异常的代码段（通常称为抛出异常）、当执行代码过程中发生异常时将要执行的代码段（通常称为捕获异常）、异常处理后要执行的代码段（可选的）（通常称为结束块）。

（3）异常类

在.NET 框架中的异常类都派生自 SystemException 类。这个类的大部分常用成员如下。

- HelpLink 是一个链接到帮助文件的链接,该帮助文件提供异常的相关信息。
- Message 是指明一个错误细节的文本。
- Source 是导致异常的对象或应用的名称。
- StackTrace 是堆栈中调用的方法列表。
- TargetSite 是抛出异常的方法名称。
- try/catch/finally 块:在 C♯ 中使用 try/catch/finally 块处理一个异常。
- try 语句指明在执行过程中需要监视抛出异常的代码块。
- catch 语句指明了在执行 try 块后应该执行的代码块。这个代码块无论异常是否发生都会执行。实际上,它常用于可能要求的清理代码。

2.2.3　使用异常调试语句改进计算器代码

1. 要求和目的

（1）要求

改进计算器在上面的程序代码,以增强程序的健壮性和稳定性。能够对非数字操作数进行提示。

（2）目的

- 了解 C♯ 异常处理语句的作用。
- 掌握 C♯ 异常处理语句的编写方法。

2. 设计步骤

（1）打开 Visual Studio 2019 编程环境,打开项目 2-2-1。在 Visual Studio 2019 编程环境中,选择"调试"→"开始调试"菜单命令,使程序运行起来,如图 2-8 所示。

（2）在操作数中分别输入字符"a"和"b",然后选择操作符,单击"计算"按钮,程序出错,会停止运行,出现如图 2-9 所示的提示。

（3）在程序中引入异常调试语句,以增强代码的健壮性和安全性。改进的程序如代码 2-4 所示。

图 2-8　在程序运行界面中输入数据

图 2-9　程序异常提示

代码 2-4　改进的"计算"按钮的单击事件。

```
private void button1_Click(object sender,EventArgs e)
{
  try
  {
      double a1=double.Parse(textBox1.Text);
      double a2=double.Parse(textBox2.Text);
      double a3=0;
      if (comboBox1.Text.ToString()=="+")
      {
          a3=a1+a2;
      }
      if (comboBox1.Text.ToString()=="-")
      {
          a3=a1-a2;
```

```
        }
        if (comboBox1.Text.ToString()=="*")
        {
            a3=a1*a2;
        }
        if (comboBox1.Text.ToString()=="/")
        {
            a3=a1/a2;
        }
        textBox3.Text=a3.ToString();
    }
    catch(Exception ex)
    {
        MessageBox.Show(ex.ToString());
    }
}
```

（4）让程序运行起来，在界面中输入测试数据。

单击"计算"按钮，程序不会出错，会出现提示界面，程序仍继续运行。

3. 相关背景知识

（1）异常处理

异常处理又称为错误处理，英文译为 exceptional handling，是代替 error code 方法的新方法，提供 error code 所未设有的功能。

异常处理分离了接收和处理错误的代码。这个功能理清了编程者的思绪，也增强代码的可读性，方便了维护者的阅读和理解。异常处理功能提供了处理程序运行时出现的任何意外或异常情况的方法。异常处理使用 try、catch 和 finally 关键字来尝试处理可能未成功的操作，处理失败的情况，以及在事后清理资源。

异常处理通常是防止未知错误产生所采取的处理措施。异常处理的好处是你不用再绞尽脑汁去考虑各种错误，这为处理某一类错误提供了一个很有效的方法，使编程效率大大提高。异常可以由公共语言运行库（CLR）、第三方库或使用 throw 关键字的应用程序代码生成。

（2）异常的特点

· 在应用程序遇到异常情况（如被零除或内存不足发出警告的情况）时，就会产生异常。

· 发生异常时，控制流立即跳转到关联的异常处理程序（如果存在）。

· 如果给定异常没有异常处理程序，则程序将停止执行，并显示一条错误信息。

· 可能导致异常的操作通过 try 关键字来执行。

· 异常处理程序是在异常发生时执行的代码块。在 C♯ 中，catch 关键字用于定义

41

异常处理程序。

- 程序可以使用 throw 关键字显式地引发异常。
- 异常对象包含有关错误的详细信息，其中包括调用堆栈的状态以及有关错误的文本说明。
- 即使引发了异常，finally 块中的代码也会执行，从而使程序可以释放资源。

（3）try{}、catch{}、finally{}语句

① 处理异常

不带参数的 catch 和带参数的 catch(Exception)是有区别的：catch(Exception)可以捕获所有以 Exception 类派生的异常，而不带参数的 catch 可以捕获所有异常，不管异常是不是从 Exception 类派生的。与 try 配套的 catch 和 finally 是可选的，但二者必选其一。一个 try 可对应多个 catch，但一个 try 只能对应一个 finally。不论 try 中是否发生异常，finally 中的语句一定会被执行。

② 异常传播

如果异常发生后，没有被相应的 catch 捕获，那么异常将沿调用堆栈逐渐向上传递，直到遇到合适的 catch 语句或传递到最底层的调用方法为止。如都没有找到相应的 catch，则异常交付到".NET 公共语言运行时"，它会弹出一个对话框来显示异常信息。

③ 抛出异常

格式为：

```
throw 变量名
```

该变量名必须是 Exception 异常或有 Exception 异常派生的类型。

格式为：

```
throw
```

这个 throw 语句只有一个 throw 关键字，只能用在 catch 语句块中，该语句的意思是抛出当前 catch 语句所捕获的异常。

④ 自定义异常

遵循原则：避免使用复杂的异常类继承层次结构；自定义异常类必须继承 System.Exception 类或其他几种基本常见异常类；自定义异常类名称要以 Exception 结尾；自定义异常类应该可以序列化。

自定义异常类应该至少实现与 Exception 类相同的以下多个构造函数。

- public MyException(){}
- public MyException(string message){}
- public MyException(string message,Exception inner){}
- protected MyException(System.Runtime.Serialization.SerializationInfo info，System.Runtime.Serialization.StreamingContext context){}

任务 2.3　设计通用计算器程序

2.3.1　设计通用计算器界面

"通用计算器"的设计界面如图 2-10 所示。通用计算器界面中有一个显示操作数和结果的文本框,还有数字键和操作符键。

图 2-10　"通用计算器"的设计界面

"通用计算器"界面的设计步骤为:首先添加 1 个 TextBox 控件用于显示输入的内容及运算结果;再依次添加 23 个 Button 控件,分别作为"操作符键"和"数字键"按钮。

2.3.2　编写通用计算器代码

(1) 定义窗体的公共变量,编写程序如代码 2-5 所示。

代码 2-5　定义窗体的公共变量。

```
string str,opp,opp1;
double num1,num2,result;
```

(2) 编写"数字键"按钮的单击事件,数字键"0～9"的单击事件都是一样的,编写程序如代码 2-6 所示。

代码 2-6 "数字键"按钮的单击事件。

```
private void number(object sender,EventArgs e)
{
    Button b=(Button)(sender);
    str=b.Text;
    if (textBox1.Text=="0")
    {
        textBox1.Text=str;
    }
    else
        textBox1.Text=textBox1.Text+str;
}
```

（3）编写"＋""－""＊""/"操作符键的单击事件，编写程序如代码 2-7 所示。

代码 2-7 "＋""－""＊""/"操作符键的单击事件。

```
private void operational(object sender,EventArgs e)
{
    Button b=(Button)(sender);
    if (b.Text=="+")
    {
        num1=double.Parse(textBox1.Text);
        textBox1.Text="";
        opp="+";
        opp1="";
    }
    else if (b.Text=="-")
    {
        num1=double.Parse(textBox1.Text);
        textBox1.Text="";
        opp="-";
        opp1="";
    }
    else if (b.Text=="*")
    {
        num1=double.Parse(textBox1.Text);
        textBox1.Text="";
        opp="*";
        opp1="";
    }
    else if (b.Text=="/")
    {
        num1=double.Parse(textBox1.Text);
        textBox1.Text="";
        opp="/";
        opp1="";
    }
    else if (b.Text=="=")
    {
```

```
    if (opp1 !="=")
    {
        num2=double.Parse(textBox1.Text);
    }
    if (opp=="+")
    {
        num1=num1+num2;
        textBox1.Text=""+num1.ToString();
    }
    else if (opp=="-")
    {
        num1=num1-num2;
        textBox1.Text=""+num1.ToString();
    }
    else if (opp=="*")
    {
        num1=num1 * num2;
        textBox1.Text=""+num1.ToString();
    }
    else if (opp=="/")
    {
        if (num2==0)
        {
            textBox1.Text="除数不能为零";
        }
        else
        {
            num1=num1/num2;
            textBox1.Text=""+num1.ToString();
        }
    }
    opp1="=";
    }
}
```

（4）编写操作符键"退格←""CE""C""sqrt""％""1/x""＋/－""."按钮的单击事件，编写程序如代码 2-8 所示。

代码 2-8　"退格←""CE""C""sqrt""％""1/x""＋/－""."按钮的单击事件。

```
private void operation(object sender,EventArgs e)
{
    Button b=(Button)(sender);
    if (b.Text=="+/-")
    {
        num1=double.Parse(textBox1.Text);
        result=num1 * (-1);
        textBox1.Text=result.ToString();
    }
    else if (b.Text==".")
    {
        str=textBox1.Text;
        int index=str.IndexOf(".");
```

```
        if (index==-1)
        {
            textBox1.Text=str+".";
        }
    }
    else if (b.Text=="退格←")
    {
        if (textBox1.Text !="")
        {
            str=textBox1.Text;
            str=str.Substring(0,str.Length-1);
            textBox1.Text=str;
        }
    }
    else if (b.Text=="CE")
    {
        textBox1.Text="0";
    }
    else if (b.Text=="C")
    {
        result=num1=num2=0;
        str=null;
        opp=null;
        textBox1.Text="0";
    }
    else if (b.Text=="sqrt")
    {
        num1=double.Parse(textBox1.Text);
        result=Math.Sqrt(num1);
        textBox1.Text=result.ToString();
    }
    else if (b.Text=="1/x")
    {
        num1=double.Parse(textBox1.Text);
        result=1/num1;
        textBox1.Text=result.ToString();
    }
    else if (b.Text=="%")
    {
        num1=double.Parse(textBox1.Text);
        result=num1/100;
        textBox1.Text=result.ToString();
    }
    opp1="";
}
```

2.3.3　运行并测试通用计算器

在 Visual Studio 2019 编程环境中，选择"调试"→"启动调试"菜单命令，使程序运行起来，并输入对应的内容，效果如图 2-11 所示。

46

在计算器程序中,输入数据进行测试,如计算 2 的平方根,结果如图 2-12 所示。

图 2-11 通用计算器程序运行界面   图 2-12 测试计算器程序

项 目 小 结

本项目设计制作了一个计算器程序,通过本项目的设计制作,让读者掌握 C♯ 应用程序的编写流程及调试方法。本项目还介绍了 C♯ 常量变量、基本数据类型、运算符和表达式的使用方法,以及 C♯ 基本流控制语句的使用方法。

项 目 拓 展

读者可以根据本项目的设计制作方法,设计制作一个"科学计算器",功能如图 2-13 所示。

图 2-13 "科学计算器"界面

项目 3　设计制作考试系统

考试系统是现代教育技术中常用的一种考试形式。考试系统通过计算机软件生成考试题目,考生对生成的考试题目进行答卷,答卷交卷后由考试系统自动判断答题的对错,并自动给出分数。

本项目使用 C♯ 设计一个简单的考试系统,包括"选择题""判断题"和"填空题"等考试题型。考生答题后,本考试系统将对答题情况进行判断,并给出相应的分数。

简单考试系统的功能如下:进入系统后会生成考试试卷,考试界面包括"单项选择题""多项选择题""判断题"和"填空题"等题型。考生根据题目情况进行答题,答题后,单击"交卷"按钮交卷。考试系统自动评出分数,并把分数显示出来。

本考试系统的设计重点为练习 C♯ 控件的使用方法,并不涉及数据库知识,所以在考试题目的设置上,采用固定的题目以及事先设定好的答案。读者可以在学习完本书后面的数据库相关项目之后,自行设计数据库版本的考试系统。

任务 3.1　使用基本控件创建考试系统界面

使用 Radio
控件

3.1.1　使用 RadioButton 控件

1. 要求和目的

(1) 要求

使用 RadioButton 控件设计制作考试系统的单选题。

(2) 目的

- 掌握 RadioButton 控件属性的设置方法。
- 掌握 RadioButton 控件与 GroupBox 控件配合使用的方法。

2. 设计步骤

(1) 设计界面

打开 Visual Studio 2019 编程环境,创建一个名称为 3-1-1 的项目。设计一个"单项选择题"功能界面,该界面内有题目内容和 4 个选择项,还有一个"交卷"按钮,如图 3-1 所示。

"单项选择题"界面的设计步骤为:首先添加 1 个 Label 控件,用于显示"简单考试系统"。再添加 1 个 GroupBox 控件,设置该 GroupBox 控件的 Text 属性为"单项选择题"。

图 3-1 "单项选择题"的设计界面

然后添加 1 个 Label 控件,用于显示"题目内容"。添加 4 个 RadioButton 控件,用于显示"选择项"。最后添加 1 个 Button 控件,用作"交卷"按钮。

(2)编写代码

双击"交卷"按钮,进入该按钮的单击事件,编写程序如代码 3-1 所示。

代码 3-1 "交卷"按钮的单击事件。

```
private void button1_Click(object sender, EventArgs e)
{
    if (radioButton1.Checked)
    {
        MessageBox.Show("您的答案是正确的。");
    }
    else
    {
        MessageBox.Show("您的答案是错误的,正确答案是 A。");
    }
}
```

3. 相关背景知识

下面介绍单选按钮 RadioButton 控件和 GroupBox 控件。

RadioButton 是单选按钮控件。多个 RadioButton 控件可以为一组,这一组内的 RadioButton 控件只能有一个被选中,即按钮之间相互制约。GroupBox 是一个容器类控件,在其内部可以放置其他控件,表示其内部的所有控件为一组,其 Text 属性可用来表示此组控件的标题。如把 RadioButton 控件放到 GroupBox 控件中,表示这些

RadioButton 控件是一组。例如，在制作性别选项时，可用 RadioButton 控件和 GroupBox 控件来实现"男""女"的二选一。

GroupBox 控件的常用属性只有一个 Text 属性，用于指定 GroupBox 控件顶部的标题。RadioButton 控件的常用属性如表 3-1 所示。

表 3-1　RadioButton 控件的常用属性

属性名称	属 性 含 义
Text	单选按钮控件旁边的标题
Checked	布尔变量，为 true 时表示按钮被选中，为 false 时表示不被选中

RadioButton 控件的常用事件如表 3-2 所示。

表 3-2　RadioButton 控件的常用事件

事件名称	事 件 含 义
CheckedChanged	单选按钮选中或不被选中的状态发生改变时产生的事件
Click	单击单选按钮控件时产生的事件

使用 CheckBox
控件

3.1.2　使用 CheckBox 控件

1. 要求和目的

（1）要求

使用 CheckBox 控件设计制作考试系统的多选题。

（2）目的

- 掌握 CheckBox 控件属性的设置方法。
- 掌握 CheckBox 控件编写程序的方法。

2. 设计步骤

（1）打开 Visual Studio 2019 编程环境，创建一个名称为 3-1-2 的项目。设计一个"多项选择题"功能界面，该界面内有题目内容和 4 个选择项，还有一个"交卷"的按钮，如图 3-2 所示。

"多项选择题"界面的设计步骤为：首先添加 1 个 Label 控件，用来显示"简单考试系统"；添加 1 个 GroupBox 控件，设置该控件的 Text 属性为"多项选择题"。然后添加 1 个 Label 控件，用于显示题目内容。添加 4 个 CheckBox 控件，用于显示"题目的选项"。最后添加 1 个 Button 控件，用作"交卷"按钮。

（2）双击"交卷"按钮，进入该按钮的单击事件，编写程序如代码 3-2 所示。

代码 3-2　"交卷"按钮的单击事件。

```
private void button1_Click(object sender,EventArgs e)
{
```

图 3-2 "多项选择题"的设计界面

```
if (checkBox1.Checked & checkBox3.Checked & checkBox4.Checked
& !checkBox2.Checked)
{
    MessageBox.Show("恭喜您,选择正确。");
}
else
{
    MessageBox.Show("您的选择是错误的,正确答案是 ACD。");
}
}
```

（3）在 Visual Studio 2019 编程环境中,选择"调试"→"调试"菜单命令,使程序运行起来,并对考试系统进行测试,效果如图 3-3 和图 3-4 所示。

图 3-3 错误答案的提示

图 3-4　正确答案的提示

3. 相关背景知识

CheckBox 是多选框控件，可将多个 CheckBox 控件放到 GroupBox 控件内形成一组，这一组内的 CheckBox 控件可以多选、不选或全选。可用来选择一些可共存的特性，比如个人爱好。

CheckBox 控件的常用属性如表 3-3 所示。

表 3-3　CheckBox 控件的常用属性

属性名称	属 性 含 义
Text	多选框控件旁边的标题
Checked	布尔变量，为 true 表示多选框被选中，为 false 表示多选框不被选中

CheckBox 控件的常用事件如表 3-4 所示。

表 3-4　CheckBox 控件的常用事件

事件名称	事 件 含 义
Click	单击多选框控件时产生的事件
CheckedChanged	多选框在选中状态或不被选中状态之间发生改变时产生的事件

使用 RichTextBox
控件

3.1.3　使用 RichTextBox 控件

1. 要求和目的

（1）要求

设计一个应用程序，能够设置 RichTextBox 控件的字体样式。

（2）目的

• 掌握 RichTextBox 控件的使用方法。

• 掌握 fontDialog 控件的使用方法。

2. 设计步骤

(1) 打开 Visual Studio 2019 编程环境,创建一个名称为 3-1-3 的应用程序。在窗体界面中添加 1 个 RichTextBox 控件和 1 个 fontDialog 控件,然后添加 1 个 Button 控件,如图 3-5 所示。

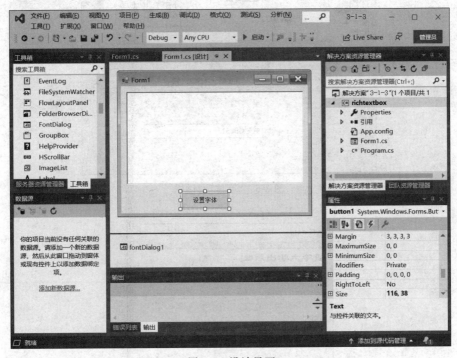

图 3-5　设计界面

(2) 双击"设置字体"按钮,进入该按钮的单击事件,编写程序如代码 3-3 所示。

代码 3-3　"设置字体"按钮的单击事件。

```
private void button1_Click(object sender,EventArgs e)
{
    fontDialog1.ShowDialog();
    richTextBox1.Font=fontDialog1.Font;
}
```

(3) 在 Visual Studio 2019 编程环境中,选择"调试"→"启动调试"菜单命令,使程序运行起来,效果如图 3-6 和图 3-7 所示。

3. 相关背景知识

RichTextBox 控件可以用来输入和编辑文本,该控件和 TextBox 控件有许多相同的属性、事件和方法,但它比 TextBox 控件的功能多,除了 TextBox 控件的功能外,还可以设定文字的颜色、字体和段落格式,支持字符串的查找功能,支持.rtf 格式等。

图 3-6 "字体"对话框

图 3-7 设置字体之后的效果

RichTextBox 控件的常用属性如表 3-5 所示。

表 3-5 RichTextBox 控件的常用属性

属性名称	属 性 含 义
Dock	很多控件都有此属性，它设定控件在窗体中的位置，可以是枚举类型 DockStyle 的成员 None、Left、Right、Top、Bottom 或 Fill，分别表示在窗体的任意位置，可以是左侧、右侧、顶部、底部或充满客户区。在属性窗口中，Dock 属性的值用周边 5 个矩形、中间 1 个矩形的图形来表示
SelectedText	获取或设置 RichTextBox 控件内的选定文本
SelectionLength	获取或设置 RichTextBox 控件中选定文本的字符数
SelectionStart	获取或设置 RichTextBox 控件中选定的文本起始点
SelectionFont	如果已选定文本，则获取或设置选定文本的字体；如果未选定文本，则获取当前输入字符中采用的字体或设置以后输入字符中采用的字体

属 性 名 称	属 性 含 义
SelectionColor	如果已选定文本,则获取或设置选定文本的颜色;如果未选定文本,则获取当前输入字符采用的颜色或设置以后输入的字符采用的颜色
Lines	记录 RichTextBox 控件中所有文本的字符串数组,每两个回车符之间的字符串是数组的一个元素
Modified	指示用户是否已修改控件的内容。值为 true 时表示已修改

RichTextBox 控件的常用事件如表 3-6 所示。

表 3-6　RichTextBox 控件的常用事件

事 件 名 称	事 件 含 义
SelectionChange	RichTextBox 控件内的选定文本更改时发生的事件
TextChanged	RichTextBox 控件内的文本内容改变时发生的事件

RichTextBox 控件的常用方法如表 3-7 所示。

表 3-7　RichTextBox 控件的常用方法

方 法 名 称	方 法 含 义
Clear()	清除 RichTextBox 控件中用户输入的所有内容,即清空属性 Lines
Copy()、Cut()、Paste()	实现 RichTextBox 控件的复制、剪贴、粘贴功能
SelectAll()	选择 RichTextBox 控件内的所有文本
Find()	实现查找功能。从第二个参数指定的位置开始,查找第一个参数指定的字符串,并返回找到的第一个匹配字符串的位置。返回负值,表示未找到匹配字符串。第三个参数指定查找的一些附加条件,可以是枚举类型 RichTextBoxFinds 的成员:MatchCase(区分大小写)、Reverse(反向查找)等。允许有 1 个、2 个或 3 个参数
SaveFile()	用于保存文件。它有如下两个参数。第一个参数为要保存文件的完整路径和文件名。第二个参数是文件类型,可以是:纯文本,即 RichTextBoxStreamType.PlainText;Rtf 格式流,即 RichTextBoxStreamType.RichText;采用 Unicode 编码的文本流,即 RichTextBoxStreamType.UnicodePlainText
LoadFile()	装载文件,参数同 SaveFile()方法。注意,存取文件的类型必须一致
Undo()	撤销 RichTextBox 控件中的上一个编辑操作
Redo()	重新应用 RichTextBox 控件中上次撤销的操作

3.1.4　使用 LinkLabel 控件

1. 要求和目的

(1) 要求

建立一个 LinkLabel 控件的超链接,链接到网站地址。

（2）目的

• 掌握 LinkLabel 控件属性的设置方法。

• 掌握 LinkLabel 控件编程的方法。

2. 设计步骤

（1）打开 Visual Studio 2019 编程环境，新建一个名称为 3-1-4 的项目。在窗体界面中添加 3 个 Label 控件，然后添加 2 个 LinkLabel 控件，设置这两个 LinkLabel 控件的 Text 属性分别为 http://www.163.com 和 http://www.sina.com。程序设计界面如图 3-8 所示。

图 3-8　设计界面

（2）编写第一个 LinkLabel 控件的单击事件，编写程序如代码 3-4 所示。

代码 3-4　LinkLabel 控件的单击事件 1。

```
private void linkLabel1_Click(object sender,EventArgs e)
{
    linkLabel1.LinkVisited=true;
    System.Diagnostics.Process.Start("http://www.163.com");
}
```

（3）编写第二个 LinkLabel 控件的单击事件，编写代码如代码 3-5 所示。

代码 3-5　LinkLabel 控件的单击事件 2。

```
private void linkLabel2_Click(object sender,EventArgs e)
{
    linkLabel1.LinkVisited=true;
    System.Diagnostics.Process.Start("http://www.sina.com");
}
```

3. 相关背景知识

（1）控件 LinkLabel 是控件 Label 的派生类，与 Label 控件不同的是，LinkLabel 控件显示的字符有下划线，可以为 LinkLabel 控件的 LinkClicked 事件增加事件处理函数，当鼠标指向 LinkLabel 控件时，鼠标指针形状变为手形。单击该控件，可调用这个事件的处理函数，用于打开文件或网页。

（2）LinkLabel 控件的常用属性如表 3-8 所示。

表 3-8　LinkLabel 控件的常用属性

属性名称	属 性 含 义
LinkColor	用户未访问过的链接的字符颜色，默认为蓝色
VisitedLinkColor	用户访问链接后的字符颜色
LinkVisited	如果已经访问过该链接，则为 true，否则为 false
LinkArea	是一个结构，变量 LinkArea.Start 表示字符串中开始加下划线的字符位置，LinkArea.Length 表示字符串中加下划线字符的个数

（3）LinkLabel 控件的常用事件如表 3-9 所示。

表 3-9　LinkLabel 控件的常用事件

事 件 名 称	事 件 含 义
LinkClicked	单击控件的 LinkLabel 事件
Click	单击控件的 Click 事件

3.1.5　使用 toolStrip 控件

1. 要求和目的

（1）要求

设计一个应用程序，使用 toolStrip（工具条）控件完成特定的功能。

（2）目的

- 掌握工具条控件的使用方法。
- 掌握工具条控件的编程方法。

2. 设计步骤

打开 Visual Studio 2019 编程环境，创建一个名称为 3-1-6 的应用程序。在窗体界面中添加 1 个 toolStrip 控件。利用工具条添加新项的下拉列表，可以为工具条添加多个成员，常用的是按钮与分隔符。新添加按钮时，默认的对象名为：toolStripButton。可以修改此对象名，如改为 openButton。默认的按钮图片为 （此处图标），可以通过"属性"→"外观"栏中的 Image 属性或直接右击该按钮，在弹出的浮动菜单中选择"设置图像"菜单项来修改（装入或创建）按钮图片，如图 3-9 和图 3-10 所示。

图 3-9　添加 toolStrip 控件

图 3-10　设置图片

添加 2 个 toolStripButton 按钮和 1 个 toolStripSeparator 分隔控件，然后添加 2 个 toolStripButton 按钮的单击事件，编写程序分别如代码 3-6 和代码 3-7 所示。

代码 3-6　toolStripButton 按钮的单击事件 1。

```
private void toolStripButton1_Click(object sender,EventArgs e)
{
    MessageBox.Show("欢迎使用按钮 1");
}
```

代码 3-7　toolStripButton 按钮的单击事件 2。

```
private void toolStripButton2_Click(object sender,EventArgs e)
{
    MessageBox.Show("欢迎使用按钮 2");
}
```

在 Visual Studio 2019 编程环境中,选择"调试"→"开始调试"菜单命令,使程序运行起来,程序运行效果如图 3-11 所示。

图 3-11　程序运行效果

3. 相关背景知识

(1) PictureBox 控件常用于图形设计和图像处理程序,又称为图形框,该控件可显示和处理的图像文件格式有:位图文件(.bmp)、图标文件(.ico)、GIF 文件(.gif)和 JPG 文件(.jpg)。

(2) PictureBox 控件的常用属性如表 3-10 所示。

表 3-10　PictureBox 控件的常用属性

属性名称	属性含义
Image	指定要显示的图像,一般为 Bitmap 类对象
SizeMode	指定如何显示图像,枚举类型,默认值为 Normal。图形框和要显示的图像左上角重合,只显示图像中与图形框大小相同的部分,其余不显示;值为 CenterImage,将图像放在图形框中间,四周多余部分不显示;值为 StretchImage,调整图像大小使之适合图片框

(3) PictureBox 控件的常用方法如表 3-11 所示。

59

表 3-11　PictureBox 控件的常用方法

方 法 名 称	方 法 含 义
CreateGraphics()	建立 Graphics 对象
Invalidate()	要求控件对参数指定区域重画,如无参数,则表示为整个区域
Update()	Invalidate()方法并不能使控件立即重画指定区域,只有使用 Update()方法才能立即重画指定区域

使用 ListBox
控件

3.1.6　使用 ListBox 控件

1. 要求和目的

（1）要求

设计一个使用 ListBox 控件计算平均数的程序。

（2）目的

掌握 ListBox 控件属性的设置方法。

掌握 ListBox 控件事件的编程方法。

2. 设计步骤

（1）打开 Visual Studio 2019 编程环境,建立一个名称为 3-1-7 的项目。在窗体界面中添加 1 个 TextBox 控件、1 个 ListBox 控件和 3 个 Button 控件,设计效果如图 3-12 所示。

图 3-12　"计算平均值"的设计界面

（2）双击"添加"按钮，进入该按钮的单击事件，编写程序如代码 3-8 所示。

代码 3-8 "添加"按钮的单击事件。

```
private void button1_Click(object sender,EventArgs e)
{
    if (text.Text !=string.Empty)
    {
        try
        {
            list.Items.Add(double.Parse(text.Text));
        }
        catch (FormatException) {}
        text.Text=string.Empty;
    }
}
```

（3）双击"清除"按钮，进入该按钮的单击事件，编写程序如代码 3-9 所示。

代码 3-9 "清除"按钮的单击事件。

```
private void button2_Click(object sender,EventArgs e)
{
    list.Items.Clear();
}
```

（4）双击"求平均值"按钮，进入该按钮的单击事件，编写程序如代码 3-10 所示。

代码 3-10 "求平均值"按钮的单击事件。

```
private void button3_Click(object sender,EventArgs e)
{
    if (list.Items.Count !=0)
    {
        double sum=0,count=0;
        foreach (object o in list.Items)
        {
            sum+=((double)o);
            count++;
        }
        text.Text=(sum/count).ToString();
    }
    else
        text.Text=string.Empty;
}
```

3. 相关背景知识

（1）列表选择控件列出了所有供用户选择的选项，用户可从选项中选择一个或多个选项，如表 3-12 所示。

表 3-12　列表选择控件的常用属性

属性名称	属 性 含 义
Items	存储 ListBox 控件中的列表内容，对应 ArrayList 类对象，元素是字符串
SelectedIndex	所选择的条目的索引号，第一个条目索引号为 0。如允许多选，该属性返回任意一个选择的条目的索引号。如一个也没选，则该值为−1
SelectedIndices	返回所有被选条目的索引号集合，是一个数组类对象
SelectedItem	返回所选择的条目的内容，即列表中选中的字符串。如允许多选，该属性返回选择的索引号最小的条目。如一个也没选，该值为 null
SelectedItems	返回所有被选条目的内容，是一个字符串数组
SelectionMode	确定可选的条目数，以及选择多个条目的方法。属性值可以是：none（可以不选或选一个）、one（必须而且必选一个）、MultiSimple（多选）或 MultiExtended（用组合键多选）
Sorted	表示条目是否以字母顺序排序，默认值为 false，表示不按字母顺序排序

（2）列表选择控件的常用方法如表 3-13 所示。

表 3-13　列表选择控件的常用方法

方 法 名 称	方 法 含 义
GetSelected()	参数是索引号，如该索引号被选中，则返回值为 true

（3）列表选择控件的常用事件如表 3-14 所示。

表 3-14　列表选择控件的常用事件

事 件 名 称	事 件 含 义
SelectedIndexChanged	当索引号（即选项）被改变时发生的事件

3.1.7　使用 menuStrip 控件

1. 要求和目的

（1）要求

设计制作一个菜单程序，设置菜单项和快捷键的访问。

（2）目的

- 掌握菜单项的设计方法。
- 掌握菜单项快捷键的设计方法。
- 掌握菜单项事件的设计方法。

图 3-13　菜单控件

2. 设计步骤

（1）打开 Visual Studio 2019 编程环境，新建一个名称为 3-1-8 的项目。在窗体界面中添加 1 个 menuStrip（菜单）控件（见图 3-13），并设置菜单项和菜单快捷键，设计界面如

图 3-14 所示。

图 3-14 "菜单控件"的设计界面

（2）双击"菜单项 1-1"，编写该菜单项的事件，编写程序如代码 3-11 所示。

代码 3-11 "菜单项 1-1"的事件。

```
private void 菜单项 11ToolStripMenuItem_Click(object sender,EventArgs e)
{
    MessageBox.Show("菜单项 1-1");
}
```

3. 相关背景知识

（1）菜单的组成及功能

在界面中拖入一个主菜单控件 menuStrip 到窗体中，可以为窗体增加一个主菜单。主菜单一般包括若干顶级菜单项，如文件、编辑、帮助等。单击顶级菜单项，可以打开弹出菜单，弹出菜单中包含若干菜单项，有的菜单项还包括子菜单。例如，单击"文件"顶级菜单项，其弹出菜单一般包括"打开""保存""另存为"等菜单项，用鼠标单击菜单项，可以执行对应菜单项命令。

所有菜单项都可以有快捷键，即菜单项中带有下划线的英文字符，当按住 Alt 键后，再按顶级菜单项的快捷键字符，可以打开该顶级菜单项的弹出菜单。弹出菜单出现后，按菜单项的快捷键字符，可以执行菜单项命令。增加快捷键的方法是在菜单项的标题中，在

63

要设定快捷键英文字符的前边增加一个字符"&"。例如，菜单项的标题为：打开文件（&O），菜单项的显示效果为：打开文件(O)。菜单项可以有加速键，一般在菜单项标题的后面显示。例如，菜单项打开文件的加速键一般是 Ctrl＋O。不打开菜单，按住 Ctrl 键后，再按 O 键，也可以执行"打开"文件的命令。设定加速键的方法是修改菜单项的 ShortCut 属性。

（2）菜单控件的常用属性和事件

菜单控件控件的常用属性如表 3-15 所示。

表 3-15　菜单控件的常用属性

属性名称	属 性 含 义
Checked	布尔变量，为 true 时表示菜单项被选中，其后有"√"标记
ShortCut	指定的加速键，可以从下拉列表中选择
ShowShortCut	布尔变量，为 true(默认值)时表示显示加速键，为 false 时表示不显示
Text	菜单项标题。如字符"-"为分隔线，指定字符前加"&"。例如，颜色(&C)表示增加快捷键，即用 Alt＋C 组合键访问"颜色"菜单

菜单控件的常用事件如表 3-16 所示。

表 3-16　菜单控件的常用事件

事件名称	事 件 含 义
Click	单击菜单项触发的事件

考试系统的
实现

任务 3.2　考试系统的实现

3.2.1　考试系统的需求分析和功能设计

考试系统总体功能和程序运行流程如图 3-15 所示。

生成考试试题

↓

考生答卷

↓

考生交卷

↓

自动判分

↓

显示分数

图 3-15　程序运行流程

本项目制作的简单考试系统的主要功能为：生成考试试题，考试试题以客观题目为主。题目类型包括"单项选择题""多项选择题""判断题"和"填空题"。生成考试试题后，考生答题。考生根据题目的情况，对选择题采用"单选"和"多选"的不同方式进行答题，对填空题采用输入答案填空的方式进行答题。考生答题之后，单击"交卷"按钮，进行交卷。交卷之后，由考试系统进行自动判分，并计算出分数，最后显示出考生所得分数。

在设计该考试系统时，将充分利用本项目中所介绍的各种控件，以制作出功能完善、使用方便的考试系统。

3.2.2　设计考试系统界面

打开 Visual Studio 2019 编程环境,新建一个名称为 3-2-1 的项目。首先设计单项选择题,在窗体中依次拖入几个 Label 控件,用来显示"简单考试系统""一、单项选择题"等提示信息。

"单项选择题"界面的设计步骤为:添加 1 个 GroupBox 控件,设置该控件的 Text 属性为空。在该控件上添加 1 个 Label 控件,用于显示一个单项选择题的题目内容。然后添加 4 个 RadioButton 控件,分别作为该单项选择题的 4 个单选选项,如图 3-16 所示。

图 3-16　"单项选择题"界面

"多项选择题"界面的设计步骤为:添加 1 个 GroupBox 控件,设置该控件的 Text 属性为空。在该控件上添加 1 个 Label 控件,用于显示一个多项选择题的题目。然后添加 4 个 CheckBox 控件,分别作为该多项选择题的 4 个多项选项,如图 3-17 所示。

"判断题"界面的设计步骤为:添加 1 个 GroupBox 控件,设置该控件的 Text 属性为空。在该控件上添加 1 个 Label 控件,用于显示一个判断题的题目。然后添加 2 个 RadioButton 控件,分别用于显示"对"和"错"选项,如图 3-18 所示。

图 3-17　"多项选择题"界面

图 3-18　"判断题"界面

"填空题"界面的设计步骤为:拖入 1 个 Label 控件,用于显示题目。然后添加 1 个 TextBox 控件,用于显示文本内容,如图 3-19 所示。

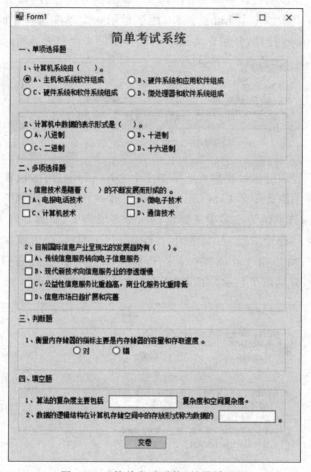

图 3-20 "简单考试系统"的设计界面

3.2.3 编写考试系统代码

在设计完考试系统的界面之后，接下来编写考试系统的代码，以实现考试系统的功能。本考试系统的核心功能是对考生所选的答案进行判断，并给出分数。所以，编程的重点也在于对考试系统中各种控件的状态的判断。

双击"交卷"按钮，进入考试系统的编程界面，在该按钮的单击事件中，编写程序如代码 3-12 所示。

代码 3-12 "交卷"按钮的单击事件。

```
private void button1_Click(object sender,EventArgs e)
{
    int s=0;
    if (radioButton1.Checked)
    {
        s+=10;
    }
    if (radioButton7.Checked)
    {
        s+=10;
    }
    if (!checkBox1.Checked & checkBox2.Checked & checkBox3.Checked & checkBox4.
      Checked)
    {
        s+=15;
    }
     if ( checkBox5. Checked & ! checkBox6. Checked & ! checkBox7. Checked &
         checkBox8.Checked)
    {
        s+=15;
    }
    if (radioButton9.Checked)
    {
        s+=10;
    }
    if (textBox1.Text=="时间")
    {
        s+=20;
    }
    if (textBox2.Text=="存储结构"||textBox2.Text=="物理结构")
    {
        s+=20;
    }
    MessageBox.Show("您的成绩是"+s+"分");
}
```

3.2.4 测试并发布考试系统

在 Visual Studio 2019 编程环境中,选择"调试"→"启动调试"菜单命令,使程序运行起来,并输入对应的内容,效果如图 3-21 所示。

在界面中单击选项回答对应的题目,然后单击"交卷"按钮,会出现"所得分数"的提示界面,如图 3-22 所示。

Form1

简单考试系统

一、单项选择题

1、计算机系统由（　）。
- ⦿ A、主机和系统软件组成
- ○ B、硬件系统和应用软件组成
- ○ C、硬件系统和软件系统组成
- ○ D、微处理器和软件系统组成

2、计算机中数据的表示形式是（　）。
- ⦿ A、八进制
- ○ B、十进制
- ○ C、二进制
- ○ D、十六进制

二、多项选择题

1、信息技术是随着（　）的不断发展而形成的 。
- ☑ A、电报电话技术
- ☐ B、微电子技术
- ☑ C、计算机技术
- ☐ D、通信技术

2、目前国际信息产业呈现出的发展趋势有（　）。
- ☐ A、传统信息服务转向电子信息服务
- ☑ B、现代新技术向信息服务业的渗透缓慢
- ☑ C、公益性信息服务比重趋高，商业化服务比重降低
- ☐ D、信息市场日趋扩展和完善

三、判断题

1、衡量内存储器的指标主要是内存储器的容量和存取速度 。
- ⦿ 对
- ○ 错

四、填空题

1、算法的复杂度主要包括 `时间` 复杂度和空间复杂度。

2、数据的逻辑结构在计算机存储空间中的存放形式称为数据的 `存储结构` 。

[交卷]

图 3-21 "简单考试系统"的运行界面

您的成绩是40分

[确定]

图 3-22 所得分数提示

项 目 小 结

　　本项目设计制作了一个考试系统,通过考试系统的设计制作,让读者掌握了基本 Windows 控件的使用方法,包括单选按钮、复选按钮、下拉菜单列表、超文本框、工具条、列表框等控件的使用方法。

项 目 拓 展

　　读者可以根据本项目设计制作的方法,设计制作一个用户调查系统,能够对用户进行调查,并统计调查结果。

项目 4　设计制作图书管理系统

图书馆是高等院校的重要组成部分,是教师和学生获取知识的重要场所。随着校园网的发展,各高等院校的图书馆都开始使用"图书管理系统"对读者信息、图书信息及借阅情况进行管理。本项目将设计制作一个图书管理系统,读者通过本项目的设计与制作,将学会用 C♯ 进行数据库系统开发的方法。本项目主要是掌握使用 ADO.NET 操作 SQL Server 数据库,并进行数据库编程的方法。

任务 4.1　安装并使用 SQL Server 2017 数据库

1. 要求和目的

(1) 要求
安装 SQL Server 2017,在安装过程中,将登录方式设置为 Windows 身份验证。
(2) 目的
- 掌握安装 SQL Server 2017 的方法。
- 掌握设置 SQL Server 2017 选项的方法。

2. 安装步骤

启动 SQL Server 2017 Express Edition 的安装文件,界面如图 4-1 所示。

图 4-1　SQL Server 2017 Express Edition 启动界面

在该界面中选择"基本"安装选项,进入如图 4-2 所示的界面。

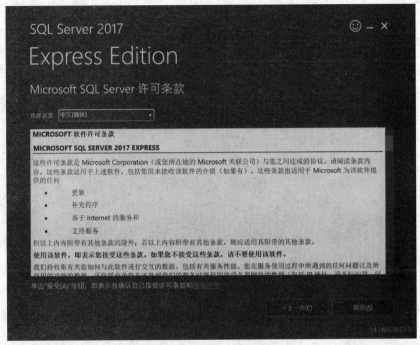

图 4-2　许可条款界面

在该界面中单击"接受"按钮,进入如图 4-3 所示的界面,从中选择安装路径。

图 4-3　选择文件安装位置

单击"安装"按钮，进入如图 4-4 所示的界面。

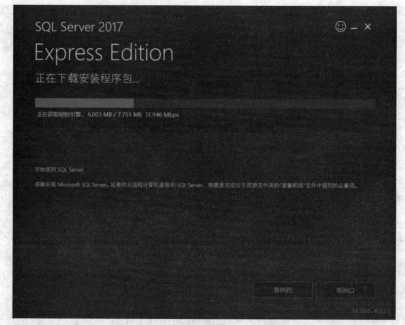

图 4-4　下载安装程序包界面

该界面显示下载安装文件的进度，下载完成，进入如图 4-5 所示的安装界面。

图 4-5　安装进度界面

安装完成后，进入安装成功提示界面，如图 4-6 所示。

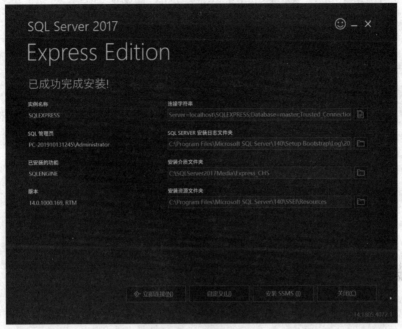

图 4-6　安装成功提示

单击"安装 SSMS"按钮，打开下载 SQL Server Management Studio 的网址。下载完成后，立即进行安装，进入如图 4-7 所示的界面。

图 4-7　安装 SQL Server Management Studio 界面

在该界面中单击"安装"按钮，进入安装进度界面，如图4-8所示。

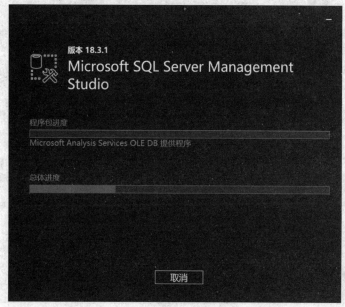

图4-8 SQL Server Management Studio 的安装进度

单击"重新启动"按钮完成安装，如图4-9所示。

图4-9 安装成功提示界面

重启系统后，打开 SQL Server Management Studio，进入如图4-10所示的界面。

选择连接服务器的选项，单击"连接"按钮，进入 SQL Server 数据库操作与管理界面，如图4-11所示。

图 4-10　连接 SQL Server 服务器的界面

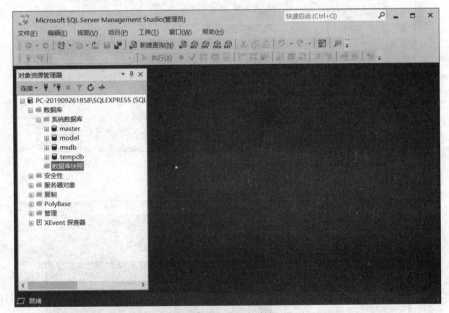

图 4-11　数据库操作管理界面

任务 4.2　SQL Server 2017 数据库的基本操作

4.2.1　数据库的基本操作

1. 要求和目的

（1）要求

建立一个名称为 db1 的数据库，通过菜单向导方式和 SQL 语句方式建立。

（2）目的

- 掌握使用菜单向导的方式创建数据库的方法。
- 掌握使用 SQL 语句的方式创建数据库的方法。

2. 设计步骤

（1）打开 SQL Server Management Studio，输入正确的服务器名称，"身份验证"选择 "Windows 身份验证"，单击"连接"按钮，如图 4-11 所示。连接数据库服务器之后，会进入 "数据库管理"界面，如图 4-12 所示。

图 4-11 "连接到服务器"界面

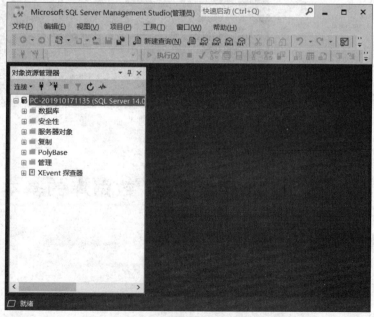

图 4-12 "数据库管理"界面

（2）在"数据库管理"界面中，右击"数据库"，选择"新建数据库"菜单命令，如图 4-13 所示。

图 4-13　"新建数据库"界面

（3）在出现的"数据库创建"界面的"数据库名称"部分输入"db1"，然后单击"确定"按钮，将创建一个名称为 db1 的数据库，如图 4-14 所示。

图 4-14　"数据库创建"界面

（4）单击图4-13界面上部的"新建查询"按钮，会出现SQL Server执行SQL语句的界面，如图4-15所示。

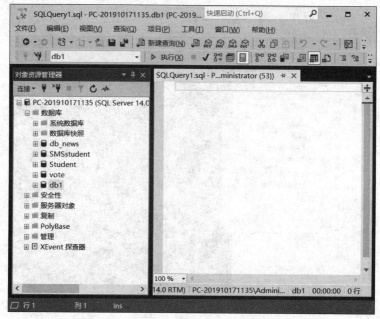

图4-15 "新建查询"界面

（5）在右侧的SQL语句区域，输入CREATE DATABASE db2，然后单击"执行"按钮，将创建一个名称为db2的数据库，如图4-16所示。

图4-16 使用SQL语句创建数据库

3. 相关背景知识

(1) 数据库的基本概念

数据库系统提供了一种将信息集合在一起的方法。数据库主要由 3 部分组成：①数据库管理系统(DBMS)，是针对所有应用的，例如 ACCESS。②数据库本身，按一定的结构组织在一起的相关数据。③数据库应用程序，是针对某一具体数据库应用编制的程序，用来获取、显示和更新数据库存储的数据，方便用户使用。这里讲的就是如何编写数据库应用程序。

常见的数据库系统有：FoxPro、Access、Oracle、SQLserver、Sybase 等。数据库管理系统主要有 4 种类型：文件管理、层次数据库、网状数据库和关系数据库。目前最流行、应用最广泛的是关系数据库，以上所列举的数据库系统都是关系数据库。关系数据库以行和列的形式来组织信息，一个关系数据库由若干表组成，一个表就是一组相关的数据按行排列，例如一个通信录就是这样一个表，表中的每一列叫作一个字段，通信录中的姓名、地址、电话都是字段。字段包括字段名及具体的数据，每个字段都有相应的描述信息，例如数据类型、数据宽度等。表中每一行称为一条记录。

(2) 数据库分类

数据库可分为本地数据库和远程数据库。本地数据库一般不能通过网络访问，它往往和数据库应用程序在同一系统中，也称为单层数据库。远程数据库通常位于远程计算机上，用户通过网络来访问远程数据库中的数据。远程数据库可以采用两层、三层和四层结构，两层结构一般采用 C/S 模式，即客户端和服务器模式。三层模式一般采用 B/S 模式，用户用浏览器访问 Web 服务器，Web 服务器用 CGI、ASP、PHP、JSP 等技术访问数据库服务器，生成动态网页返回给用户。四层模式是在 Web 服务器和数据库服务器中增加一个应用服务器。利用 ADO.NET 可以开发数据库应用程序。

由于 ADO.NET 的使用，设计单层数据库或多层数据库应用程序使用的方法基本一致，极大地方便了程序设计，因此，这里讨论的内容也适用于后边的 Web 应用程序设计。

4.2.2　数据表的基本操作

1. 要求和目的

(1) 要求

建立一个学生数据表，表名为 student，字段包括 id、name、sex、birth、grade、specialty、remarks。分别代表编号、姓名、性别、出生年月、年级、专业、备注。

(2) 目的

- 掌握数据表的创建方法。
- 了解数据表字段的数据类型的含义。
- 掌握数据表写入数据、删除数据、修改数据的方法。

2. 设计步骤

(1) 打开 SQL Server 2017，选择"数据库"→"db1"菜单命令，展开 db1 的管理目录，右击"表"选项，选择"新建"→"表"命令，如图4-17所示。

图4-17　创建数据表

（2）在新建表的设计界面中，添加字段及数据类型如图4-18所示。

图4-18　设计数据表的字段界面

（3）设计好字段之后，单击"保存"按钮，将数据表名保存为Table_1，然后单击"确定"

按钮,如图 4-19 所示。

图 4-19　保存数据表界面

(4) 右击 dbo.Table_1 按钮,选择"编辑前 200 行"选项,在对应的字段输入数据,如图 4-20 所示。

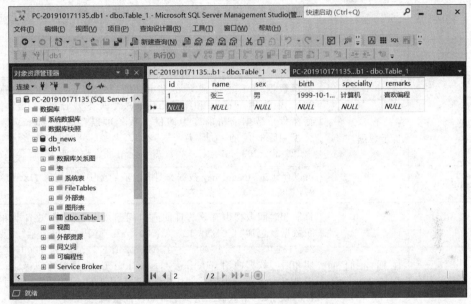

图 4-20　在数据表中添加数据

3. 相关背景知识

SQL Server 数据库数据类型及说明如表 4-1 所示。

表 4-1　SQL Server 数据库类型及说明

类　型	说　明	描　　述
int	整型数据	存储范围是 −2 147 483 648 至 2 147 483 647(每个值需 4 字节的存储空间)
smallint	整型数据	存储范围是 −32 768 至 32 767(每个值需 2 字节的存储空间)
tinyint	整型数据	只能存储 0~255 范围内的数字(每个值需 1 字节的存储空间)

续表

类　型	说　明	描　述
decimal	小数数据	包含存储在最小有效数上的数据。在 SQL Server 中,小数数据使用 decimal 或 numeric 数据类型存储。存储 decimal 或 numeric 数值所需的字节数取决于该数据的数字总数和小数点右边的小数位数。例如,存储数值 19283.29383 比存储 1.1 需要更多的字节
numeric		numeric 数据类型等价于 decimal 数据类型
float	近似数字数据	表示从 $-1.79E+308$ 到 $1.79E+308$ 之间的数字(浮点)数据。近似数字(浮点)数据包括按二进制计数系统所能提供的最大精度保留的数据。在 SQL Server 中,近似数字数据以 float 和 real 数据类型存储。例如,1/3 表示成小数形式为 0.333333(循环小数),该数字不能以近似小数数据精确表示。因此,从 SQL Server 获取的值可能并不准确地代表存储在列中的原始数据。又如,以 .3、.6、.7 结尾的浮点数均为数字近似值
real		表示从 $-3.40E+38$ 到 $3.40E+38$ 之间的数字(浮点)数据。存储大小为 4 字节。在 SQL Server 中,real 的同义词为 float(24)
money	货币数据	货币数据表示正的或负的货币值。在 Microsoft SQL Server 2000 中使用 money 和 smallmoney 数据类型存储货币数据。存储货币数据的精确度为四位小数。可以存储在 money 数据类型中的值的范围是 $-922\,337\,203\,685\,477.5808$ 至 $+922\,337\,203\,685\,477.5807$(需 8 字节的存储空间)
smallmoney		可以存储在 smallmoney 数据类型中的值的范围是 $-214\,748.3648$ 至 $214\,748.3647$(需 4 字节的存储空间)
datetime	日期和时间数据	日期和时间数据由有效的日期或时间组成。例如,有效日期和时间数据既包括"4/01/98 12：15：00：00：00 PM",也括"1：28：29：15：01 AM 8/17/98"。在 Microsoft SQL Server 2000 中,日期和时间数据使用 datetime 和 smalldatetime 数据类型存储。使用 datetime 数据类型存储从 1753 年 1 月 1 日至 9999 年 12 月 31 日的日期(每个数值要求 8 字节的存储空间)
malldatetime		使用 smalldatetime 数据类型存储从 1900 年 1 月 1 日至 2079 年 6 月 6 日的日期(每个数值要求 4 字节的存储空间)
bit	特殊数据	bit 数据类型只能包括 0 或 1。可以用 bit 数据类型代表 true 或 false、yes 或 no
timestamp		用于表示 SQL Server 在一行上的活动顺序,按二进制格式以递增的数字来表示。当表中的行发生变动时,用从 DBTS() 函数获得的当前数据库的时间戳值来更新时间戳。timestamp 数据与插入或修改数据的日期和时间无关。若要自动记录表中数据更改的时间,使用 datetime 或 smalldatetime 数据类型记录事件或触发器
uniqueidentifier		以一个 16 位的十六进制数表示全局唯一标识符(GUID)。当需要在多行中唯一标识某一行时可使用 GUID。例如,可使用 uniqueidentifier 数据类型定义一个客户标识代码列,以编辑公司来自多个国家/地区的总的客户名录
sql_variant		一种存储 SQL Server 所支持的各种数据类型(text、ntext、timestamp 和 sql_variant 除外)值的数据类型

类　　型	说　　明	描　　述
table	特殊数据	一种特殊的数据类型,存储供以后处理的结果集。table 数据类型只能用于定义 table 类型的局部变量或用户定义函数的返回值
varchar	字符数据	长度为 n 字节的可变长度且非 Unicode 的字符数据。n 必须是一个介于 1 和 8 000 之间的数值。存储大小为输入数据的字节的实际长度,而不是 n 字节。所输入的数据字符长度可以为零
char		长度为 n 字节的固定长度且非 Unicode 的字符数据。n 必须是一个介于 1 和 8 000 之间的数值。存储大小为 n 字节
ntext		可变长度 Unicode 数据的最大长度为 $2^{30}-1$(1 073 741 823)个字符。存储大小是所输入字符个数的两倍(以字节为单位)。
text		服务器代码页中的可变长度非 Unicode 数据的最大长度为 $2^{31}-1$ (2 147 483 647)个字符。当服务器代码页使用双字节字符时,存储量仍是 2 147 483 647 字节。存储大小可能小于 2 147 483 647 字节(取决于字符串)
image	二进制数据	可变长度二进制数据介于 0 与 $2^{31}-1$ (2 147 483 647)字节之间。image 数据列可以用来存储超过 8 KB 的可变长度的二进制数据,如 Microsoft Word 文档、Microsoft Excel 电子表格、包含位图的图像、图形交换格式(GIF)文件和联合图像专家组(JPEG)文件
binary		二进制数据由十六进制数表示。例如,十进制数 245 等于十六进制数 F5。在 Microsoft SQL Server 2000 中,二进制数据使用 binary、varbinary 和 image 数据类型存储。指派为 binary 数据类型的列在每行中都是固定的长度(最多为 8 KB)
varbinary		指派为 varbinary 数据类型的列,各项所包含的十六进制数字的个数可以不同(最多为 8 KB)

4.2.3　使用基本 SQL 语句

1. 要求和目的

(1) 要求

使用 SQL 语句实现学生数据表的数据的添加、删除、修改和查询操作。

(2) 目的

- 掌握 SQL Server 2017 新建查询的使用方法。
- 掌握添加、删除、修改和查询操作 SQL 语句编写方法。

2. 设计步骤

(1) 打开 SQL Server 2017 数据库,单击"新建查询"按钮,打开"SQL 语句"编辑界面,如图 4-21 所示。

(2) 使用查询语句

查询 db1 数据库中 table1 数据表,并返回所有字段,效果如图 4-22 所示。

```
select * from table_1
```

图 4-21　SQL 界面

图 4-22　显示全部字段

选择部分列并指定它们的显示次序,查询结果集合中数据的排列顺序与选择列表中所指定的列名排列顺序相同,如图 4-23 所示。

```
select name,sex from table_1 order by id desc
```

更改列标题,在选择列表中,可重新指定列标题,如图 4-24 所示。定义格式为:列标题＝列名。如果指定的列标题不是标准的标识符格式时,应使用引号包括。

图 4-23　查询部分字段并排序

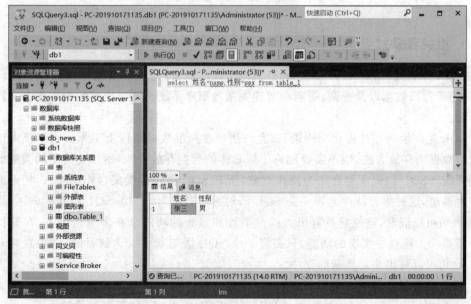

图 4-24　更换列标题

```
select 姓名=name,性别=sex from table_1
```

使用 where 子句设置查询条件,可以过滤掉不需要的数据行。where 子句包括各种比较运算符:>、>=、=、<、<=、<>。

查询年龄小于等于 21 的数据见图 4-25:

```
select * from table_1 where name= '张三'。
```

图 4-25　条件查询

3. 相关背景知识

SQL(Structured Query Language)结构化查询语言,是一种数据库查询和程序设计语言,用于存取数据以及查询、更新和管理关系数据库系统。同时也是数据库脚本文件的扩展名。

SQL 是高级的非过程化编程语言,允许用户在高层数据结构上工作。它不要求用户指定对数据的存放方法,也不需要用户了解具体的数据存放方式,所以支持不同类型的数据库系统。SQL 以记录集合作为操作对象,所有 SQL 语句接受集合作为输入,把返回集合作为输出,这种集合特性允许一条 SQL 语句的输出作为另一条 SQL 语句的输入,所以SQL 语句可以嵌套,这使它具有极大的灵活性和强大的功能。在多数情况下,在其他语言中需要一大段程序实现的功能,只需要一个 SQL 语句就可以达到目的,这也意味着用SQL 语句可以写出非常复杂的程序。

SQL 语言包含如下 4 个部分。

- 数据定义语言(DDL),例如,CREATE、DROP、ALTER 等语句。
- 数据操作语言(DML),例如,INSERT(插入)、UPDATE(修改)、DELETE(删除)语句。
- 数据查询语言(DQL),例如,SELECT 语句。
- 数据控制语言(DCL),例如,GRANT、REVOKE、COMMIT、ROLLBACK 等语句。

任务 4.3 使用 ADO.NET 操作 SQL Server 2008

4.3.1 了解 ADO.NET

1. ADO.NET 的名称

ADO.NET 的名称起源于 ADO(ActiveX Data Objects)，这是一个广泛的类组，用于在以往的 Microsoft 技术中的访问数据。之所以使用 ADO.NET，是因为 Microsoft 希望表明这是在.NET 编程环境中优先使用的数据访问接口。

2. ADO.NET 的优点

与 ADO 的早期版本和其他数据访问组件相比，ADO.NET 的优点如下。

（1）互操作性

ADO.NET 应用程序可以利用 XML 的灵活性和广泛接受性。由于 XML 是用于在网络中传输数据集的格式，因此读取 XML 格式的任何组件都可以处理数据。实际上，接收组件根本不必是 ADO.NET 组件：传输组件可以只是将数据集传输给其目标，而不考虑接收组件的实现方式。目标组件可以是 Visual Studio 应用程序或无论用什么工具实现的其他任何应用程序。唯一的要求是接收组件能够读取 XML。作为一项工业标准，XML 正是在考虑了这种互操作性的情况下设计的。

（2）可维护性

在已部署系统的生存期中，适度的更改是可能的，但由于十分困难，所以很少尝试进行实质上的结构的更改。因为在事件的自然过程中，这种实质上的更改会变得很有必要。例如，当自己部署的应用程序越来越受用户喜爱时，增加的性能负荷可能需要进行结构更改。随着已部署的应用程序服务器上的性能负荷的增长，系统资源会变得不足，并且响应时间或吞吐量会受到影响。面对该问题，程序员可以选择将服务器的业务逻辑处理和用户界面处理划分到单独的计算机上的单独层上。实际上，应用程序服务器层将替换为两层，这样缓解了系统资源的缺乏。

该问题并不是要设计三层应用程序。相反，它是要在应用程序部署以后增加层数。如果原始应用程序使用数据集以 ADO.NET 实现，则该转换很容易进行。请记住，当用两层替换单层时，将安排这两层交换信息。由于这些层可以通过 XML 格式的数据集传输数据，所以通信相对较容易。

（3）可编程性

Visual Studio 中的 ADO.NET 数据组件以不同方式封装数据访问功能，加快编程速度并减少犯错概率。例如，数据命令提取生成和执行 SQL 语句或存储过程的任务。

同样，由这些设计器工具生成的 ADO.NET 数据类会导致类型化数据集。这可以通过已声明类型的编程访问数据。最后,已声明类型的数据集的代码更安全,原因在于它提供对类型的编译时检查。例如,假定 Available Credit 表达为货币值。如果程序员误向 Available Credit 分配了字符串值,环境会在编译时向程序员报告该错误。当使用未声明类型的数据集时,程序员直到运行时才会发现该错误。

（4）性能

对于不连接的应用程序,ADO.NET 数据库提供的性能优于 ADO 不连接的记录集。当使用 COM 封送在层间传输不连接的记录集时,会将记录集内的值转换为 COM 可识别的数据类型而导致显著的处理开销。在 ADO.NET 中,这种数据类型转换则没有必要。

（5）可伸缩性

因为 Web 可以极大地增加对数据的需求,所以可缩放性变得很关键。尽管应用程序可以很好地为十几个用户服务,但它可能不能向成百上千个（或成千上万个）用户提供同样好的服务。使用数据库锁和数据库连接之类资源的应用程序不能很好地为大量用户服务,因为用户对这些有限资源的需求最终将超出其供应。

ADO.NET 通过鼓励程序员节省有限资源来实现可缩放性。由于所有 ADO.NET 应用程序都使用对数据的不连接访问,因此,它不会在较长持续时间内保留数据库锁或活动数据库连接。

3. ADO.NET 的结构

ADO.NET 结构由以下 3 部分组成。

（1）表示层

在表示层中,ADO.NET 利用 XML 的功能来提供对数据的断开式访问。ADO.NET 的设计与.NET Framework 中 XML 类的设计是并进的,它们都是同一个结构的组件。ADO.NET 和.NET Framework 中的 XML 类集中于 DataSet 对象。无论 XML 源属于文件还是属于 XML 流,都可以用来填充 DataSet。无论 DataSet 中数据源是什么,DataSet 都可以作为符合万维网联合会（W3C）标准的 XML 进行编写,并且将其架构包含为 XML 架构定义语言（XSD）中。由于 DataSet 固有的序列化格式为 XML,因此,它可以方便地在层间移动数据,这使得 DataSet 成为在远程向 XML Web 服务发送数据和架构上下文以及从 XML Web 服务接收数据和架构上下文的最佳选择。

（2）中间层

中间层存储了大量的访问数据的组件。

（3）数据层

数据层直接与数据库接触,并可操作数据库。

ADO.NET 的体系结构如图 4-26所示。

图 4-26　ADO.NET 的体系结构

4. .NET Framework 数据提供程序

.NET Framework 数据提供程序用于连接到数据库、执行命令和检索结果。可以直接处理检索到的结果，或将其放到 DO.NET DATASET 对象，以便与来自多个源的数据或在层之间进行远程处理的数据组合在一起，以特殊方式向用户公开。.NET Framework 数据提供程序是轻量的，它在数据源和代码之间创建了一个最小层，以便在不以功能为代价的前提下提高性能。

.NET Framework 数据提供程序包括 4 种不同的数据提供程序，且支持多种数据库的访问。

- SQL Server .NET Framework 数据提供程序：提供对 MS SQL Server 7.0 或更高版本的数据访问，它位于 SYSTEM.DATA.SQLCLIENT 命名空间内。
- OLE DB .NET Framework 数据提供程序：适用于 OLE DB 公开的数据源，它位于 SYSTEM.DATA.OLEDB 命名空间内。
- ODBC .NET Framework 数据提供程序：适用于 ODBC 公开的数据源，它位于 SYSTEM.DATA.ODBC 命名空间内。
- ORACLE .NET Framework 数据提供程序：适用于 ORACLE 数据源，位于 SYSTEM.DATAORACLECLIENT。

5. ADO.NET 包含的类和对象

（1）SqlConnection 类

SqlConnection 类用于连接 SQL Server 数据库。连接帮助指明数据库服务器、数据库名字、用户名、密码，并连接数据库所需要的其他参数。Connection 对象会被 Command 对象使用，这样就能够知道是在哪个数据库上面执行命令。

与数据库交互的过程意味着程序必须指明想要发生的数据操作。这些操作是依靠 Command 对象执行的，可以使用 Command 对象发送 SQL 语句给数据库；使用 Connection 对象与数据库进行连接。能够单独使用 Command 对象执行命令，或者将一个 Command 对象的引用传递给 SqlDataAdapter。

（2）Command 对象

成功与数据建立连接后，就可以用 command 对象执行查询、修改、插入、删除等命令。Command 对象常用的方法有：ExecuteReader（）、ExecuteScalar（）、ExecuteNonQuery（）。插入数据可用 ExecuteNOnQuery（）方法。

（3）SqlDataReader 类

许多数据操作只是读取一串数据。DataReader 对象允许获得从 Command 对象的 Select 语句得到结果。从性能方面讲，DataReader 对象返回的数据都是快速的且只是向前的数据流，这意味着只能按照一定的顺序从数据流中取出数据。这对于速度来说是有好处的，但是如果需要操作数据，更好的办法是使用 DataSet 对象。

（4）DataSet 对象

DataSet 对象是数据在内存中的表示形式。它包括多个 DataTable 对象，而 DataTable 对象包含列和行，就像一个普通的数据库中的表。也可以定义表之间的关系来创建主从关系（parent-child relationships）。DataSet 对象是在特定的场景下使用——帮助管理内存中的数据并支持对数据的断开操作。DataSet 对象是被所有 Data Providers 使用的对象，因此，它并不像 Data Provider 一样需要特别的前缀。

（5）SqlDataAdapter 类

某些时候使用的数据都是只读的，并且很少需要将其改变至底层的数据源。同样一些情况要求在内存中缓存数据，以此来减少并不改变的数据被数据库调用的次数。DataAdapter 通过断开模型来帮助完成对以上情况的处理。当在一单批次的对数据库进行读/写操作并返回数据库的时候，DataAdapter 填充 DataSet 对象。DataAdapter 包含对连接对象以及当对数据库进行读取或者写入的时候自动打开或者关闭连接的引用。另外，DataAdapter 包含对数据进行 select、insert、update 和 delete 操作时对 Command 对象的引用。

4.3.2　使用 Connection 对象

1. 要求和目的

（1）要求

设计一个应用程序，测试与数据库的连接是否正常，并给予提示。

（2）目的

- 掌握 Connection 对象属性设置的方法。
- 掌握 Connection 对象编程的方法。

2. 设计步骤

（1）打开 Visual Studio 2019 编程环境，创建一个名称为 4-3-2 的项目。在窗体界面中拖入 1 个 Button 控件，设置该控件的 Text 属性为测试数据库连接，如图 4-27 所示。

图 4-27　设计界面

（2）定义窗体的公共变量，编写程序如代码 4-1 所示。

代码 4-1　定义窗体的公共变量。

```
private static SqlConnection mySqlConnection;
private static string ConnectionString="";
private static bool IsCanConnectioned=false;
```

（3）双击"测试数据库连接"按钮，进入该按钮的单击事件，编写程序如代码 4-2

所示。

代码 4-2　"测试数据库连接"按钮的单击事件。

```
private void button1_Click(object sender,EventArgs e)
{
    //获取数据库连接字符串
    ConnectionString="Data Source=.;Initial Catalog=db01;Integrated Security
    =SSPI";
    //创建连接对象
    mySqlConnection=new SqlConnection(ConnectionString);
    try
    {
        //打开数据库
        mySqlConnection.Open();
        IsCanConnectioned=true;
    }
    catch
    {
        //打开不成功,则连接不成功
        IsCanConnectioned=false;
    }
    if (mySqlConnection.State==ConnectionState.Closed||mySqlConnection.State
    ==ConnectionState.Broken)
    {
        MessageBox.Show("数据库连接不成功!");
    }
    else
    {
        MessageBox.Show("数据库连接成功!");
    }
}
```

3. 相关背景知识

（1）SqlConnectiono 类的常用属性如表 4-2 所示。

表 4-2　SqlConnection 类的常用属性

属 性 名 称	属 性 含 义
ConnectionString	返回或设置用于打开 SQL Server 数据库的字符串
ConnectionTimeout	返回在尝试建立连接时终止尝试并生成错误之前所等待的时间
Database	返回当前数据库或连接打开后要使用的数据库的名称（只读）
DataSource	返回要连接的 SQL Server 实例的名称（只读）
PacketSize	返回用来与 SQL Server 的实例通信的网络数据包的大小（以字节为单位）。这个属性只适用于 SqlConnection 类（只读）

（2）SqlConnection 类的常用方法如表 4-3 所示。

表 4-3　SqlConnection 类的常用方法

方　法　名　称	方　法　含　义
Open()	用连接字符串指定的属性打开数据库连接
CreateCommand()	创建并返回一个与 SqlConnection 类关联的 SqlCommand 对象
Close()	关闭与数据库的连接

（3）数据库连接字符串常用的参数及描述如表 4-4 所示。

表 4-4　数据库连接字符串常用的参数及描述

参　数　名　称	描　　述
Provider	用于设置或返回连接提供程序的名称
Connection Timeout	在终止尝试并产生异常前，等待连接到服务器的连接时间长度（以秒为单位），默认值是 15 秒
Initial Catalog 或 Database	数据库的名称
Data Source 或 Server	连接打开时使用的 SQL Server 名称，或者是 Microsoft Access 数据库的文件名
Password 或 pwd	SQL Server 账户的登录密码
User ID 或 uid	SQL Server 登录账户
Integrated Security	用于决定连接是否是安全连接。可能的值有 true、false 和 SSPI（SSPI 是 true 的同义词）
Persist Security Info	设置为 false 时，如果连接是打开的或曾经处于打开状态，那么安全敏感信息（如密码）不会作为连接的一部分返回。设置属性值为 true 可能有安全风险，false 是默认值

（4）SqlConnection 类的构造函数说明如表 4-5 所示。

表 4-5　SqlConnection 类的构造函数

函　数　名　称	参　数　说　明	函　数　说　明
SqlConnection()	不带参数	创建 SqlConnection 类的对象
SqlConnection(string connectionstring)	连接字符串	根据连接字符串，创建 SqlConnection 类的对象

使用第 1 种构造函数：

```
String ConnectionString="server=(local); Initial Catalog=stu;";
SqlConnection conn=new SqlConnection();
conn.ConnectionString=ConnectionString;
conn.Open();
```

使用第 2 种构造函数：

```
String cnn="server=(local); Initial Catalog=stu;";
```

```
SqlConnection conn=new SqlConnection(cnn);
conn.Open();
```

显然使用第 2 种方法输入的代码要少一点,但是两种方法执行的效率并没有什么不同。另外,如果需要重用 Connection 对象去使用不同的身份连接不同的数据库时,使用第 1 种方法会非常有效。

以下代码演示使用连接字符串创建数据库连接的一般方式。

```
//连接 Access 数据库
string connStr="Provider=Microsoft.Jet.OleDB.4.0;Data Source=D:\db1.mdb"
//根据字符串创建 OleDbConnection 连接对象
OleDbConnection objConnection=new OleDbConnection(strConnect);
//打开数据源连接
if(objConnection.State==ConnectionState.Closed)
{
    objConnection.Open();
}
//使用结束后关闭数据源连接
if(objConnection.State==ConnectionState.Open)
{
    objConnection.Close();
}
```

在这段代码里的业务逻辑是:

① 创建连接字符串,从中可以看出 Connection 对象是使用 OleDb 类型的 Data Provider,连接到 D 盘下名称为 db1.mdb 的 Access 数据库中。

② 根据连接字符串,创建 Connection 类型的对象,这里用到了 OleDbConnection。

③ 打开数据源的连接。

④ 执行数据库的访问操作代码。

⑤ 关闭数据源连接。

4.3.3　使用 SqlCommand 对象与 SqlDataReader 对象

1. 要求和目的

(1) 要求

建立一个应用程序,使用 SqlCommand 对象和 SqlDataReader 对象读取数据库内容。

(2) 目的

• 掌握 SqlCommand 对象的使用方法。

• 掌握 SqlDataReader 对象的使用方法。

2. 设计步骤

(1) 打开 Visual Studio 2019 编程环境,创建一个名称为 4-3-3 的项目。编写窗体的 Form_Load 事件,编写程序如代码 4-3 所示。

代码 4-3 窗体的 Form_Load 事件。

```csharp
private void Form1_Load(object sender, EventArgs e)
{
    //定义输出消息
    string message="";
    //新建连接对象
    SqlConnection conn=new SqlConnection();
     conn . ConnectionString =" Data  Source =.; Initial  Catalog = db1; Integrated
        Security=SSPI";
    //拼接命令字符串
    string selectQuery="select *  from table_1";
    //新建命令对象
    SqlCommand cmd=new SqlCommand(selectQuery, conn);
    conn.Open();
    //关闭阅读器时将自动关闭数据库连接
    SqlD ataReader reader=cmd. ExecuteReader(CommandBehavior.CloseConnection);
    //循环读取信息
    while (reader.Read())
    {
        message+="序号:"+reader[0].ToString()+" ";
        message+="姓名:"+reader[1].ToString()+" ";
        message+="性别:"+reader[2].ToString()+" ";
        message+="出生年月:"+reader[3].ToString()+" ";
        message+="\n";
    }
    message+="\n";
    //关闭数据阅读器
    //无须关闭连接,它将自动被关闭
    reader.Close();
    //测试数据连接是否已经关闭
    if(conn.State==ConnectionState.Closed)
    {
        message+="数据连接已经关闭\n";
    }
    MessageBox.Show(message);
}
```

（2）在 Visual Studio 2019 编程环境中,选择"调试"→"开始调试"菜单命令,使程序运行起来,程序运行效果如图 4-28 所示。

图 4-28　程序运行效果

3. 相关背景知识

1）应用程序连接数据库的步骤

设计一个数据库应用程序，可以采用连接和不连接方式。所谓连接方式，是数据库应用程序运行期间一直保持和数据库连接，数据库应用程序通过 SQL 语句直接对数据库操作，例如，查找记录、删除记录、修改记录。所谓不连接方式，是数据库应用程序把数据库中感兴趣的数据读入来建立一个副本，数据库应用程序对副本进行操作，必要时将修改的副本存回数据库。设计一个不连接方式数据库应用程序一般包括以下基本步骤。

（1）建立数据库，包括若干个表，在表中填入数据。

（2）建立与数据库的连接。

（3）从数据库中取出感兴趣的数据存入 DataSet 数据集对象，包括指定表和表中满足条件的记录。DataSet 对象在内存中建立，可以包含若干表，可以认为是数据库在内存中的一个子集。然后断开和数据库的连接。

（4）用数据绑定的方法显示这个子集的数据，供用户浏览、查询、修改。

（5）把修改的数据存回源数据库。

设计一个连接方式数据库应用程序一般包括以下基本步骤。

（1）建立数据库，包括若干个表，在表中填入数据。

（2）建立与数据库的连接。

（3）使用查询、修改、删除、更新等 Command 对象直接对数据库操作。

2）Command 对象的常用属性

Command 对象的常用属性有 Connection、ConnectionString、CommandType、CommandText。

（1）Connection 属性：用来获得或设置该 Command 对象的连接数据源。例如，某 SqlConnection 类型的 Conn 对象连在 SQL Server 服务器上，又有一个 Command 类型的对象 cmd 通过 cmd.Connection＝conn 在 Conn 对象所指定的数据库上操作。

不过，通常的做法是直接通过 Connection 属性来创建 Command 对象，而 Command 对象不宜通过设置 Connection 属性来更换数据库，所以上述做法并不推荐。

（2）ConnectionString 属性：用来获得或设置连接数据库时用到的连接字符串，用法和上述 Connection 属性相同。同样，不推荐使用该属性来更换数据库。

（3）CommandType 属性：用来获得或设置 CommandText 属性中的语句是 SQL 语句、数据表名还是存储过程。

CommandType 属性的取值有 3 个，如表 4-6 所示。当不显示属性值时，默认为 Text。

CommandType 枚举值如表 4-7 所示。

表 4-6　CommandType 属性

属 性 值	说 明
CommandType 设置成为 Text 或不设置	CommandText 属性的值是一个 SQL 语句
CommandType 设置成为 TableDirect	CommandText 属性的值是一个要操作的数据表的名
CommandType 设置成为 StoredProcedure	CommandText 属性的值是一个存储过程

表 4-7　CommandType 枚举值

枚举值	说 明
StoredProcedure	指示 CommandType 属性的值为存储过程的名称
TableDirect	指示 CommandType 属性的值为一个或多个表的名称。只有 OLE DB 的.NET Framework 数据提供程序才支持 TableDirect
Text	指示 CommandType 属性的值为 SQL 文本命令（默认）

（4）CommandText 属性：根据 CommandType 属性的不同取值，可以使用 CommandText 属性获取或设置 SQL 语句、数据表名（仅限于 OLE DB 数据库提供程序）或存储过程。

3）Command 对象的常用方法

在不同的数据提供者的内部，Command 对象的名称是不同的。在 SQL Server Data Provider 里 Command 对象叫 SqlCommand，而在 OLE DB Data Provider 里 Command 对象叫 OleDbCommand。

下面将详细介绍 Command 类型对象的常用方法，包括构造函数、执行不带返回结果集的 SQL 语句方法、执行带返回结果集的 SQL 语句方法和使用查询结果填充 DataReader 对象的方法。

（1）构造函数用来构造 Command 对象。SqlCommand 对象的构造函数说明如表 4-8 所示。

表 4-8　SqlCommand 对象的构造函数

函 数 名 称	参 数 说 明	函 数 说 明
SqlCommand()	不带参数	创建 SqlCommand 对象
SqlCommand(string cmdText)	cmdText：SQL 语句字符串	根据 SQL 语句字符串，创建 SqlCommand 对象
SqlCommand(string cmdText, SqlConnection connection)	cmdText：SQL 语句字符串 connection：连接到的数据源	根据数据源和 SQL 语句，创建 SqlCommand 对象
SqlCommand(string cmdText, SqlConnection connection, SqlTransaction transaction)	cmdText：SQL 语句字符串 connection：连接到的数据源 transaction：事务对象	根据数据源和 SQL 语句与事务对象，创建 SqlCommand 对象

① 第一个构造函数不带任何参数。

```
SqlCommand cmd=new SqlCommand();
cmd.Connection=ConnectionObject;
cmd.CommandText=CommandText;
```

上面代码段使用默认的构造函数创建一个 SqlCommand 对象，然后把已有的连接对象 ConnectionObject 和命名文本 CommandText 分别赋给了 Command 对象的 Connection 属性和 CommandText 属性。

例如,CommandText 属性可以从数据库检索数据的 select 语句:

```
string CommandText="select * from studentInfo";
```

除此之外,许多关系型数据库,例如 SQL Server 和 Oracle,都支持存储过程。可以把存储过程的名称指定为命名文本。例如,下面将 GetAllStudent 存储过程指定为命名文本:

```
string CommandText="GetAllStudent";
cmd.CommandType=CommandType.StoredProcedure;
```

② 第二个构造函数可以接受一个命令文本。

```
SqlCommand cmd=newe SqlCommand(CommandText);
cmd.Connection=ConnectionObject;
```

上面的代码实例化了一个 Command 对象,并使用给定命令文本对 Command 对象的 CommandText 属性进行了初始化。然后,使用已有的 Connection 对象对 Command 对象的 Connection 属性进行了赋值。

③ 第三个构造函数接受一个 Connection 对象和一个命名文本 CommandText。

```
SqlCommand cmd=newe SqlCommand(CommandText,ConnectionObject);
```

注意这两个参数的顺序,第一个为 String 类型的命令文本,第二个为 Connection 对象。

④ 第四个构造函数接受第三个参数,第三个参数是 SqlTransaction 对象,这里不做讨论。

另外,Connection 对象提供了 CreateCommand() 方法,该方法将实例化一个 Command 对象,并将其 Connection 属性赋值为建立该 Command 对象的 Connection 对象。

无论在什么情况下,当把 Connection 对象赋值给 Command 对象的 Connection 属性时,并不需要 Connection 对象是打开的。但是,如果连接没有打开,则在命令执行之前必须先打开连接。

（2）SqlCommand 类提供了 5 个执行方法:Cancel()、ExecuteNonQuery()、ExecuteScalar()、ExecuteReader()、ExecuteXmlReader()。

命令对象提供的用于执行命令的方法及其含义如表 4-9 所示。

表 4-9　执行命令的方法及其含义

方法名称	方法含义
Cancel()	试图取消命令的执行
ExecuteNonQuery()	对连接执行 SQL 语句并返回受影响的行数
ExecuteScalar()	执行查询,并将返回查询所返回的结果集中在第一行的第一列。忽略额外的列或行
ExecuteReader()	执行查询,将查询结果返回到数据读取器(DataReader)中
ExecuteXmlReader()	执行查询,将查询结果返回到一个 XmlReader 对象中

① ExecuteNonQuery() 方法

用来执行 insert、update、delete 等非查询语句和其他没有返回结果集的 SQL 语句,

97

并返回执行命令后影响的行数。如果 update 和 delete 命令所对应的目标记录不存在,返回 0;如果出错,返回−1。

```
String cnstr="server=(local);database=student; Integrated Security=true";
SqlConnection cn=new SqlConnection(cnstr);
cn.Open();
string sqlstr="update student set  name='Jone' where name='Bill' ";
SqlCommand cmd=new SqlCommand(sqlstr,cn);
cmd.ExecuteNonQuery();
cn.Close();
```

ExecuteNonQuery()方法的返回值是一个整数,代表操作所影响到的行数。

② ExecuteScalar()方法

在许多情况下,需要从 SQL 语句返回一个结果,例如客户表中记录的个数,当前数据库服务器的时间等。ExecuteScalar()方法就适用于这种情况。

ExecuteScalar()方法执行一个 SQL 命令,并返回结果集中的首行首列(执行返回单个值的命令)。如果结果集大于一行一列,则忽略其他部分。根据该特性,这个方法通常用来执行包含 count()、sum()等聚合函数的 SQL 语句。

下面的代码读取数据库中表 student 的记录个数,并把它输出到控制台上。

```
String cnstr="server=(local);database=student; Integrated Security=true";
SqlConnection cn=new SqlConnection(cnstr);
cn.Open();
string sqlstr="select count(*) from student";
SqlCommand cmd=new SqlCommand(sqlstr,cn);
object count=cmd.ExecuteScalar();
Console.WriteLine(count.ToString());
cn.Close();
```

ExecuteScalar()方法的返回值类型是 Object,根据具体需要,可以将它转换为合适的类型。

③ ExecuteReader()方法

ExecuteReader()方法执行命令,并使用结果集填充为 DataReader 对象。

ExecuteReader()方法用于执行查询操作,它返回一个 DataReader 对象,通过该对象可以读取查询所得的数据。

ExecuteReader()方法在 Command 对象中用得比较多,通过 DataReader 类型的对象,应用程序能够获得执行 SQL 查询语句后的结果集。该方法有如下两种定义。

a. ExecuteReader():不带参数,直接返回一个 DataReader 结果集。

b. ExecuteReader(CommandBehavior behavior):根据 behavior 的取值类型,决定 DataReader 的类型。

如果 behavior 的取值是 CommandBehavior.SingleRow 这个枚举值,则说明返回的 ExecuteReader 只获得结果集中的第一条数据;如果 behavior 的取值是 CommandBehavior. SingleResult,则说明只返回在查询结果中多个结果集里的第一个。

一般来说,应用代码可以随机访问返回的 ExecuteReader 列。但如果 behavior 取值为 CommandBehavior.SequentialAccess,则说明对于返回的 ExecuteReader 对象只能顺序读取它所包含的列。也就是说,一旦读过该对象中的列,就再也不能返回去读了。这种操作是以方便性为代价换取读数据时的高效率,需谨慎使用。

```
String cnstr="server=(local);database=student; Integrated Security=true";
SqlConnection cn=new SqlConnection(cnstr);
cn.Open();
string sqlstr="select * from student";
SqlCommand cmd=new SqlCommand(sqlstr,cn);
SqlDataReader dr=cmd.ExecuteReader();
while(dr.Read())
{
    String name=dr["姓名"].ToString();
    Console.WriteLine(name);
}
dr.Close();
cn.Close();
```

这段代码从数据库的 student 表中读取全部数据,并把该表的“姓名”字段的数据全部输出到控制台上。

④ ExecuteXmlReader()方法

SqlCommand()特有的方法,OleDbCommand 无此方法。该方法执行将返回 XML 字符串的命令,且返回一个包含所返回的 XML 的 System.Xml.XmlReader 对象。

(4) Command 对象的应用距离

在下面这段代码里,首先根据连接字符串创建一个 SqlConnecdon 连接对象,并用此对象连接数据源;然后创建一个 SqlCommand 对象,并用此对象的 ExecuteNonQuery()方法执行不带返回结果集的 SQL 语句。

```
//连接字符串
private static string strConnect=" data source=localhost;
uid=sa;pwd=aspent;database=LOGINDB"
//根据连接字符串创建 SqlConnection 连接句柄
SqlConnetion objConnection=new SqlConnection(strConnect);
//数据库命令
SqlCommand objCommand=new SqlCommand("",objConnection);
//设置 SQL 语句
objcommand. commandtext =" insert  into  users " +" ( username, nickname,
    userpassword,useremail,userrole,creatdate,lastmodifydate)"+" values "+"
    (@username, @ nickname, @ userpassword, @ useremail, @ userrole, @ creatdate,
    @ lastmodifydate)";
//以下省略设置各值的语句
…
try
{
    //打开数据库连接
    if(objConnection.State==ConnectionState. Closed)
```

99

```
        {
            objConnection.Open();
        }
        //获取运行结果,插入数据
        objCommand.ExecuteNonQuery();
        //省略后继动作
        ...
    }
    catch(SqlException e)
    {
        Response.Write(e.Message.ToString());
    }
    finally
    {
        //关闭数据库连接
        if(objConnection.State==ConnectionState.Open)
        {
            objConnection.Close();
        }
    }
```

这段代码是连接数据库并执行操作的典型代码。其中,操作数据库的代码均在 try ... catch ... finally 结构中,因此代码不仅能正常地操作数据库,更能在发生异常的情况下抛出异常。另外,不论是否发生异常,也不论发生了哪种数据库操作的异常,finally 块里的代码均会被执行,所以,一定能保证代码在访问数据库后关闭连接。

而在下面的代码里,将使用 Command 对象执行查询类的 SQL 语句,并将结果集赋给 DataRead 对象。

```
private static string strConnect=" data source=localhost;
uid=sa;pwd=aspent;database=LOGINDB"
SqlConnetion objConnection=new SqlConnection(strConnect);
SqlCommand objCommand=new SqlCommand(" ",objConnection);
//设置 SQL 语句
objCommand.CommandText="SELECT * FROM USERS";
try
{
    //打开数据库连接
    if(objConnection.State==ConnectionState. Closed)objConnection.Open();
    //获取运行结果
    SqlDataReader result=objCommand.ExecuteReader();
    //省略后继动作
    ...
}
catch(SqlException e)
{
    Response.Write(e.Message.ToString());
}
```

```
finally
{
    //关闭数据库连接
    if(objConnection.State==ConnectionState.Open)
    {
        objConnection.Close();
    }
}
```

这里用到 DataReader 对象来获得结果集,如果仅仅想返回查询结果集的第一行第一列的值,可以将"SqlDataReader result = objCommand.ExecuteReader();"改成"objCommand.ExecuteScalar().ToString();"。

4.3.4　使用 DataSet 对象

1. 要求和目的

(1) 要求

设计制作一个读取数据库的程序,能够显示数据表的内容。

(2) 目的

* 掌握 SqlConnection 连接对象的用法。
* 掌握 DataSet 对象的用法。
* 掌握 bindingSource 和 dataGridView 控件的用法。

2. 设计步骤

(1) 打开 Visual Studio 2019 编程环境,新建一个名称为 4-3-4 的项目。在窗体界面中添加 1 个 dataGridView 控件,将该控件的 dock 属性设置为 Fill。然后添加 1 个 bindingSource 控件,如图 4-29 所示。

(2) 定义窗体的公共变量,编写程序如代码 4-4 所示。

代码 4-4　定义窗体的公共变量。

```
private SqlConnection con;
private SqlDataAdapter da;
private DataSet ds;
```

(3) 编写窗体的 Form_Load 事件,编写程序如代码 4-5 所示。

代码 4-5　窗体的 Form_Load 事件。

```
private void Form1_Load(object sender,EventArgs e)
{
    string ConnString="Data Source=.; Initial Catalog=db1; Integrated Security=
        SSPI;";
    SqlConnection con=new SqlConnection(ConnString);
    con.Open();
    string cmdstring=" Select * from table_1 order by id asc";
```

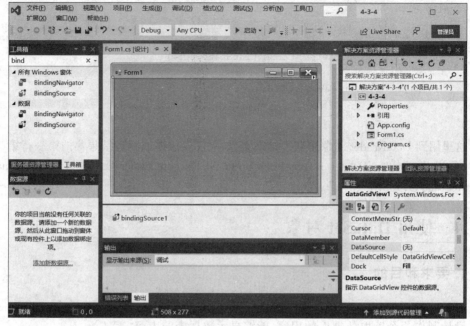

图 4-29　设计界面

```
SqlDataAdapter da=new SqlDataAdapter(cmdstring,con);
DataSet ds=new DataSet();
da.Fill(ds);
bindingSource1.DataSource=ds.Tables[0];
dataGridView1.DataSource=bindingSource1;
}
```

（4）在 Visual Studio 2019 编程环境中，选择"调试"→"启动调试"菜单命令，使程序运行起来，程序运行效果如图 4-30 所示。

图 4-30　程序运行效果

3. 相关背景知识

（1）DataSet 介绍

数据集 DataSet 是断开与数据源的连接时，可以被使用的数据记录在内存中的缓存。可以把数据集 DataSet 看作是内存中的数据库。它在应用程序中对数据的支持功能十分强大。DataSet 一经创建，就能在应用程序中充当数据库的位置，为应用程序提供数据支持。

数据集 DataSet 的数据结构可以在.NET 开发环境中通过向导完成，也可以通过代码来增加表、数据列、约束以及表之间的关系。数据集 DataSet 中的数据既可以来自数据源，也可以通过代码直接向表中增加数据行。数据集 DataSet 类似一个客户端内存中的数据库，可以在这个数据库中增加、删除数据表，可以定义数据表结构和表之间的关系，可以增加、删除表中的行。

数据集 DataSet 不考虑其中的表结构和数据是来自数据库、XML 文件还是程序代码，因此，数据集 DataSet 不维护到数据源的连接。这缓解了数据库服务器和网络的压力。对数据集 DataSet 的特点可以总结如下为 4 点。

① 使用数据集 DataSet 无须与数据库直接交互。

② DataSet 对象是存储从数据库检索到的数据的对象。

③ DataSet 对象是零个或多个表对象的集合，这些表对象由数据行和列、约束和有关表中数据关系的信息组成。

④ DataSet 对象既可以容纳数据库的数据，也可以容纳非数据库的数据源。

在不连接的数据模型中，每次数据库应用程序需要处理下一条记录时都连接回数据库是不可行的，这样做会大大消除使用不连接数据的优越性。解决方案是临时存储从数据库检索的记录，然后使用该临时集，这便是数据集的概念。数据集 DataSet 是从数据库检索的记录的缓存，它包含一个或多个表（这些表基于源数据库中的表），并且还可以包含有关这些表之间的关系，以及对表包含数据的约束信息。数据集 DataSet 的数据通常是源数据库内容的子集，可以用与操作实际数据库十分类似的方式操作数据集 DataSet，但操作时，将保持与源数据库的不连接状态，使数据库可以自由执行其他任务。

因为数据集 DataSet 是数据库内容的子集，所以它不一定反映源数据库的当前状态，因此，需要经常更新数据集 DataSet 中的数据。可以修改数据集 DataSet 中的数据，然后把这些修改写回到源数据库中。为了从源数据库获取数据和将修改写回源数据库，请使用数据适配器 DataAdapter 对象。数据适配器 DataAdapter 对象包含 DataAdapter.Fill()方法执行更新数据集 DataSet 操作和 DataAdapter.Update()方法执行将修改写回源数据库操作的方法。

尽管数据集是作为从数据库获取的数据的缓存，但数据集与数据库之间没有任何实际关系。数据集是容器，它用数据适配器的 SQL 命令或存储过程填充。

（2）DataSet 对象的常用属性、方法和事件

DataSet 对象的常用属性如表 4-10 所示。

表 4-10　DataSet 对象的常用属性

属 性 名 称	属 性 含 义
CaseSensitive	用于控制 DataTable 中的字符串比较是否区分大小写
DataSetName	当前 DataSet 的名称。如果不指定，则该属性值设置为 NewDataSet。如果将 DataSet 内容写入 XML 文件，则 DataSetName 是 XML 文件的根节点名称

属 性 名 称	属 性 含 义
DesignMode	如果在设计时使用组件中的 DataSet，DesignMode 返回 true，否则返回 false
HasErrors	表示 DataSet 中的 DataRow 对象是否包含错误。如果将一批更改提交给数据库并将 DataAdapter 对象的 ContinueUpdateOnError 属性设置为 true，则在提交更改后必须检查 DataSet 的 HasErrors 属性，以确定是否有更新失败
Relations	返回一个 DataRelationCollection 对象
Tables	检查现有的 DataTable 对象

DataSet 对象的常用方法如表 4-11 所示。

表 4-11 DataSet 对象的常用方法

方 法 名 称	方 法 含 义
AcceptChanges()和 RejectChanges()	接受或放弃 DataSet 中所有挂起的更改。调用 AcceptChanges()时，RowState 属性值为 Added 或 Modified 的所有行的 RowState 属性都将被设置为 UnChanged，任何标记为 Deleted 的 DataRow 对象将从 DataSet 中删除。调用 RejectChanges()时，任何标记为 Added 的 DataRow 对象将会从 DataSet 中删除，其他修改过的 DataRow 对象将返回前一状态
Clear()	清除 DataSet 中所有的 DataRow 对象。该方法比释放一个 DataSet 然后再创建一个相同结构的新 DataSet 要快
Clone()和 Copy()	使用 Copy()方法会创建与原 DataSet 具有相同结构和相同行的新 DataSet。使用 Clone()方法会创建具有相同结构的新 DataSet，但不包含任何行
GetChanges()	返回与原 DataSet 对象具有相同结构的新 DataSet，并且还包含原 DataSet 中所有挂起更改的行
GetXml()和 GetXmlSchema()	使用 GetXml()方法得到由 DataSet 的内容与它的架构信息转换为 XML 格式后的字符串。如果只希望返回架构信息，可以使用 GetXmlSchema
HasChange()	表示 DataSet 中是否包含挂起更改的 DataRow 对象
Merge()	从另一个 DataSet、DataTable 或现有的 DataSet 中的一组 DataRow 对象载入数据
ReadXml()和 WriteXml()	使用 ReadXml()方法从文件、TextReader、数据流或者 XmlReader 中将 XML 数据载入 DataSet 中。WriteXml()方法与 ReadXml()方法作用相反。
Reset()	将 DataSet 返回为未初始化状态。如果想放弃现有 DataSet 并且开始处理新的 DataSet，使用 Reset()方法比创建一个 DataSet 的新实例好

DataSet 对象的常用事件如表 4-12 所示。

表 4-12 DataSet 对象的常用事件

事 件 名 称	事 件 含 义
MergeFailed	在 DataSet 的 Merge()方法中发生一个异常时触发

任务 4.4　图书管理系统的实现

4.4.1　图书管理系统整体功能设计

图书馆作为一种信息资源的集散地,图书和用户借阅资料繁多,包含很多的信息数据的管理。根据调查得知,图书馆以前对信息管理的主要方式是基于文本、表格等纸介质的手工处理,对于图书借阅情况(如借书天数、超过限定借书时间的天数)的统计和核实等往往采用对借书卡的人工检查进行,对借阅者的借阅权限以及借阅天数等用人工计算、手抄进行。数据信息处理工作量大,容易出错。由于数据繁多,容易丢失,且不易查找。总的来说,缺乏系统规范的信息管理手段。尽管有的图书馆有计算机,但是尚未用于信息管理,没有发挥它的效力,资源闲置比较突出。因此,需要设计一套规范、高效的图书管理系统,以提高图书管理效率。

本项目将设计制作一套图书管理系统,功能包括用户管理、图书管理和借阅管理。其中,图书管理包括入库管理、更新管理和图书检索。

图书管理系统的功能结构如图 4-31 所示。

图 4-31　图书管理系统的功能结构

本项目包含的功能界面具体如下。

(1) 关于界面 AboutBox.cs。

(2) 添加图书信息界面 frmAddBook.cs。

(3) 图书封面管理界面 frmBookPic.cs。

(4) 借阅图书界面 frmIssueBook.cs。

(5) 系统登录界面 frmLogin.cs。

(6) 系统管理主界面 FrmMain.cs。

(7) 图书检索界面 frmSearchBook.cs。

(8) 图书更新界面 frmUpdateBook.cs。

本项目的工程文件列表如图 4-32 所示。

图 4-32　项目工程文件列表

4.4.2　图书管理系统数据库设计

1. 数据库设计

本系统采用 SQL Server 2008 作为后台数据库，数据库名为 book。本系统的数据库包括 3 个数据表，分别为图书信息数据表 bookinfo、图书借阅信息数据表 issueinfo、用户信息数据表 userinfo。数据表的列表结构如图 4-33 所示。

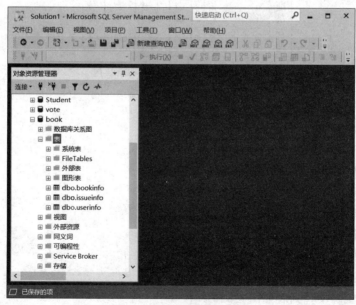

图 4-33　数据表列表结构

2. 数据表设计

（1）图书信息数据表 bookinfo 的设计界面如图 4-34 所示。

图 4-34　图书信息数据表 bookinfo 的设计界面

（2）图书借阅信息数据表 issueinfo 的设计界面如图 4-35 所示。

图 4-35　图书借阅信息数据表 issueinfo 的设计界面

（3）用户信息数据表 userinfo 的设计界面如图 4-36 所示。

图 4-36　用户信息数据表 userinfo 的设计界面

4.4.3　图书管理系统详细设计

1. 设计公共类

在设计具体的功能界面之前，需要先对系统的公共类进行设计，本系统中设计了一个数据库访问类，用于对数据库的查询、删除和修改操作，类名是 DataAccess.cs。该类的程序如代码 4-6 所示。

代码 4-6 系统公共数据库访问类。

```csharp
class DataAccess
{
    private static string ConnectString="Data Source=localhost;Initial
        Catalog=Book;Integrated Security=true";          //数据库连接字符串
    ///<summary>
    ///根据表名获取数据集的表
    ///</summary>
    ///<param name="table"></param>
    ///<returns></returns>
    public static DataTable GetDataSetByTableName(string table)
    {
        using (SqlConnection con=new SqlConnection(ConnectString))
                                                         //创建数据库连接对象
        {
            string sql="select * from "+table+"";        //查询 SQL 语句
            try
            {
                SqlDataAdapter adapter=new SqlDataAdapter(sql,con);
                                                         //创建适配器对象
                DataSet ds=new DataSet();                //创建数据集对象
                adapter.Fill(ds,"table");                //填充数据集
                return ds.Tables[0];                     //返回数据表
            }
            catch (SqlException ex)
            {
                //异常处理
                throw new Exception(ex.Message);
            }
        }
    }
    ///<SUMMARY>
    ///根据 SQL 语句获取数据集对象
    ///</summary>
    ///<param name="sql"></param>
    ///<returns></returns>
    public static DataSet GetDataSetBySql(string sql)
    {
        using (SqlConnection con=new SqlConnection(ConnectString))
                                                         //创建数据库连接对象
        {
            SqlDataAdapter adapter=new SqlDataAdapter(sql,con);  //创建适配器对象
            DataSet ds=new DataSet();                    //创建数据集对象
            try
```

```
        {
            adapter.Fill(ds);                                    //填充数据集
            return ds;                                           //返回数据集
        }
        catch (SqlException ex)
        {
            throw new Exception(ex.Message);
        }
    }
}
///<SUMMARY>
///根据 ID 值获取 DataReader 对象
///</summary>
///<param name="id"></param>
///<returns></returns>
public static SqlDataReader GetDataReaderByID(int id)
{
    using (SqlConnection con=new SqlConnection(ConnectString))
    {
        string sql="select * from bookinfo where bookid="+id;    //SQL 语句
        try
        {
            SqlCommand comm=new SqlCommand(sql,con);              //创建 Command 对象
            con.Open();                                          //打开连接
            SqlDataReader reader=comm.ExecuteReader();            //创建 DataReader 对象
            reader.Read();                                       //读取数据
            return reader;                                       //返回 DataReader
        }
        catch (SqlException ex)
        {
            throw new Exception(ex.Message);
        }
    }
}
///<SUMMARY>
///更新数据
///</summary>
///<param name="sql"></param>
///<returns></returns>
public static bool UpdateDataTable(string sql)
{
    using (SqlConnection con=new SqlConnection(ConnectString))
    {
        try
        {
            con.Open();                                          //打开连接
            SqlCommand comm=new SqlCommand(sql,con);              //创建 Command 对象
```

```
        if (comm.ExecuteNonQuery()>0)                        //执行更新
        {
            return true;
        }
        else
        {
            return false;
        }
    }
    catch (SqlException ex)
    {
        throw new Exception(ex.Message);
    }
    }
}
///<SUMMARY>
///根据数据集和 SQL 语句更新数据库
///</summary>
///<param name="ds"></param>
///<param name="sql"></param>
public static void UpdateDataSet(DataSet ds,string sql)
{
    using (SqlConnection con=new SqlConnection(ConnectString))
    {
        try
        {
            SqlDataAdapter adapter=new SqlDataAdapter(sql,con);    //创建适配器
            SqlCommandBuilder builder=new SqlCommandBuilder(adapter);
            //根据适配器自动生成表单
            adapter.Update(ds,"table");                        //更新数据库
        }
        catch (SqlException ex)
        {
            throw new Exception(ex.Message);
        }
    }
}
```

2. 设计制作用户登录界面

"用户登录"界面的设计步骤为：先添加 3 个 Label 控件，分别作为"用户名""密码"和"用户类型"。然后添加 2 个 TextBox 控件，其中，作为密码输入框的 TextBox 控件的 PasswordChar 属性设置为" * "。最后添加 2 个 Button 控件，分别作为"登录"和"取消"按钮。设计界面如图 4-37 所示。

双击"登录"按钮，进入该按钮的单击事件，编写程序如代码 4-7 所示。

图 4-37　"用户登录"的设计界面

代码 4-7　"登录"按钮的单击事件。

```
private void btnLogin_Click(object sender,EventArgs e)
{
    //验证通过
    if (Validate())
    {
        string state=this.cboUserType.Text;
        int num;
        if (state.Equals("管理员"))                    //判断用户角色
            num=1;
        else
            num=2;
        //定义查询语句
        string sql=string.Format("select * from userinfo where uname='{0}'and upwd
            ='{1}' and ustate={2}",this.txName.Text.Trim(),this.txtPwd.Text.
            Trim(),num);
        DataSet ds=DataAccess.GetDataSetBySql(sql);
        if (ds.Tables[0].Rows.Count>0)
        {
            MessageBox.Show("登录成功");
            this.Visible=false;
            FrmMain fm=new FrmMain();
            fm.Show();
        }
        else
            MessageBox.Show("用户名或密码错误");
```

111

```
    }
}
```

代码 4-7 中调用了 Validate()方法，编写该方法的程序如代码 4-8 所示。

代码 4-8 Validate()方法。

```
//验证方法
private bool Vaildate()
{
    if (this.txName.Text !=string.Empty && this.txtPwd.Text !=string.Empty)
        return true;
    else
        MessageBox.Show("用户名或密码不能为空");
    return false;
}
```

编写登录窗体的 Form_Load 事件，编写程序如代码 4-9 所示。

代码 4-9 窗体的 Form_Load 事件。

```
private void frmLogin_Load(object sender,EventArgs e)
{
    this.cboUserType.SelectedIndex=0;
}
```

3. 设计制作管理主界面

在用户登录界面，输入正确的"用户名"和"密码"之后，会登录到"管理主界面"。"管理主界面"的设计界面如图 4-38 所示。

图 4-38 "管理主界面"的设计界面

"管理主界面"界面的设计步骤为：添加 1 个 menuStrip 菜单控件，设置菜单项如表 4-13 所示。

添加窗体的公共变量，编写程序如代码 4-10 所示。

代码 4-10 窗体的公共变量。

```
public static DialogResult result;
```

添加"管理员登录"菜单项的单击事件，编写程序如代码 4-11 所示。

代码 4-11 "管理员登录"菜单项的单击事件。

```
private void 用户登录 ToolStripMenuItem_Click
(object sender,EventArgs e)
{
    //检测该窗口是否处于打开状态
    if (this.checkchildfrm("frmLogin")==true)
        return;                        //窗口已经打开,返回
    frmLogin user=new frmLogin();     //实例化登录窗体
    user.ShowDialog();                 //登录窗体以模式对话框的方式打开
    //判断是否登录成功,登录成功则启用相应的菜单和按钮
}
```

添加"图书入库"菜单项的单击事件，编写程序如代码 4-12 所示。

代码 4-12 "图书入库"菜单项的单击事件。

```
private void mnuAddBook_Click(object sender,EventArgs e)
{
    if (this.checkchildfrm("frmAddBook")==true)
    return;
    frmAddBook objbook=new frmAddBook();
    objbook.MdiParent=this;
    objbook.Show();
}
```

添加"图书更新"菜单项的单击事件，编写程序如代码 4-13 所示。

代码 4-13 "图书更新"菜单项的单击事件。

```
private void mnuUpdateBook_Click(object sender,EventArgs e)
{
    if (this.checkchildfrm("frmUpdateBook")==true)
    return;
    frmUpdateBook objbook=new frmUpdateBook();
    objbook.MdiParent=this;
    objbook.Show();
}
```

添加"图书检索"菜单项的单击事件，编写程序如代码 4-14 所示。

表 4-13 菜单项

一级菜单项	二级菜单项
用户管理	管理员登录
	退出
图书管理	图书入库
	图书更新
	图书检索
图书借阅	图书借阅
关于	无
退出	无

代码 **4-14**　"图书检索"菜单项的单击事件。

```
private void 图书检索 ToolStripMenuItem_Click(object sender,EventArgs e)
{
    if (this.checkchildfrm("frmSearchBook")==true)
        return;
    frmSearchBook book=new frmSearchBook();
    book.MdiParent=this;
    book.Show();
}
```

添加"图书借阅"菜单项的单击事件，编写程序如代码 4-15 所示。

代码 **4-15**　"图书借阅"菜单项的单击事件。

```
private void 图书 ToolStripMenuItem_Click(object sender,EventArgs e)
{
    if (this.checkchildfrm("frmIssueBook")==true)
    return;
    frmIssueBook issuebook=new frmIssueBook();
    issuebook.MdiParent=this;
    issuebook.Show();
}
```

4. 设计制作图书入库界面

该界面的功能是显示现有的图书信息，并可以添加新的图书信息，"图书入库"的设计界面如图 4-39 所示，"图书入库"界面的设计步骤为：首先添加 2 个 GroupBox 控件，分别用于"插入详细信息"和"图书详细信息"选项组名。然后在"插入详细信息"部分，添加 7 个 Label 控件，分别作为"类别""书名""作者""价格""封面""内容简介"和"指定访问码"；在"图书详细信息"部分，添加 1 个 dataGridView 控件。最后添加 2 个 Button 控件，分别作为"插入"和"退出"按钮。

图 4-39　"图书入库"的设计界面

单击 dataGridView 控件右上角的智能标签,选择"编辑列"命令,编辑 dataGridView 控件的列,如图 4-40 所示。

图 4-40 dataGridView 控件的列的属性编辑界面

编写窗体的 Form_Load 事件,编写程序如代码 4-16 所示。

代码 4-16 窗体的 Form_Load 事件。

```
private void frmAddBook_Load(object sender,EventArgs e)
{
    DataSet ds=DataAccess.GetDataSetBySql("select * from bookinfo");
    this.dataGridView1.DataSource=ds.Tables[0];
}
```

双击"插入图书信息"的按钮,进入该按钮的单击事件,编写程序如代码 4-17 所示。

代码 4-17 "插入图书信息"按钮的单击事件。

```
private void btnInsertBkDt_Click(object sender,EventArgs e)
{
    //定义变量接收控件的值
    string booktype=this.txtType.Text.ToString();
    string bookname=this.txtName.Text.ToString();
    string bookauthor=this.txtAuthor.Text.ToString();
    Double bookprice=Convert.ToDouble(this.txtPrice.Text);
    string bookpic=this.txtPic.Text.ToString();
    string bookcontent=this.txtContent.Text.ToString();
    int bookissue=Convert.ToInt32(this.txtIssue.Text);
    //如果数据验证通过,则调用 DataAccess 类的方法实现添加功能
    if (Validate())
    {
        //SQL 语句
        string sql=string.Format("insert into bookinfo values('{0}','{1}','{2}
            ','{3}','{4}','{5}','{6}')", booktype, bookauthor, bookname,
```

```
        bookprice,bookpic,bookcontent,bookissue);
    if (DataAccess.UpdateDataTable(sql))        //调用更新方法
    {
        MessageBox.Show("添加成功","提示",MessageBoxButtons.OK);
    }
    else
    {
        MessageBox.Show("添加失败","提示",MessageBoxButtons.OK);
    }
    //dataGridView控件显示数据
    DataSet ds=DataAccess.GetDataSetBySql("select * from bookinfo");
    this.dataGridView1.DataSource=ds.Tables[0];
    }
}
```

在代码 4-17 中，调用了验证数据的 Vaildate()方法，编写该方法的程序如代码 4-18 所示。

代码 4-18 Vaildate()方法。

```
//数据验证
private bool Vaildate()
{
    if(this.txtType.Text !=string.Empty && this.txtName.Text !=string.Empty
        && this. txtAuthor. Text != string. Empty && this. txtContent. Text !=
        string.Empty && this.txtIssue.Text !=string.Empty && this.txtPrice.Text
        !=string.Empty)
        return true;
    else
        MessageBox.Show("请输入完整的信息");
    return false;
}
```

5. 设计制作图书更新界面

"图书更新"的设计界面如图 4-41 所示，该界面的功能是显示"图书详细信息"，并对"图书信息"进行更新。

"图书更新"界面的设计步骤为：首先添加 2 个 GroupBox 控件，分别用于显示"图书详细信息"和"更新图书信息"组合框。然后在"图书详细信息"部分，添加 1 个 dataGridView 控件，添加 1 个 Button 控件，作为"保存修改"按钮；在"更新图书信息"部分，添加 8 个 Label 控件和 8 个 TextBox 控件，分别作为"图书编号""图书价格""图书类型""图书封面""图书名字""图书内容""图书作者""访问码"。最后添加 4 个 Button 控件，分别作为"更新封面""更新""删除"和"关闭"按钮。

定义窗体的公共变量，编写程序如代码 4-19 所示。

代码 4-19 窗体的公共变量。

```
DataSet ds=new DataSet();
```

图 4-41　"图书更新"的设计界面

编写窗体的 Form_Load 事件,编写程序如代码 4-20 所示。

代码 4-20　窗体的 Form_Load 事件。

```
private void frmUpdateBook_Load(object sender,EventArgs e)
{
    string sql="select * from bookinfo";
    ds=DataAccess.GetDataSetBySql(sql);
    this.dgvBookInfo.DataSource=ds.Tables[0];
    this.txtbID.Enabled=false;
}
```

编写 dataGridView 控件的 CellClick 事件,编写程序如代码 4-21 所示。

代码 4-21　dataGridView 控件的 CellClick 事件。

```
private void dgvbookinfo_CellClick(object sender,dataGridViewCellEventArgs e)
{
    //获得当前鼠标单击时的行索引号
    int index=this.dgvbookinfo.CurrentCell.RowIndex;
    //通过索引号获得值并赋予相应的文本框显示
    this.txtbID.Text=this.dgvbookinfo.Rows[index].Cells[0].Value.ToString
        ().Trim();
    this.txtbType.Text=this.dgvbookinfo.Rows[index].Cells[1].Value.ToString
        ().Trim();
    this.txtbName.Text=this.dgvbookinfo.Rows[index].Cells[2].Value.ToString
        ().Trim();
    this.txtAuthor.Text= this. dgvbookinfo. Rows [index]. Cells [3]. Value.
        ToString().Trim();
    this.txtbPrice.Text= this. dgvbookinfo. Rows [index]. Cells [4]. Value.
        ToString().Trim();
    this.txtbPic.Text=this.dgvbookinfo.Rows[index].Cells[5].Value.ToString
        ().Trim();
    this.txtbContent.Text=this.dgvbookinfo.Rows[index].Cells[6].Value.ToString
```

```
    ();
    this.txtIssueID.Text=this.dgvbookinfo.Rows[index].Cells[7].Value.ToString();
}
```

编写"保存修改"按钮的单击事件，编写程序如代码 4-22 所示。

代码 4-22 "保存修改"按钮的单击事件。

```
private void btnSave_Click(object sender,EventArgs e)
{
    string sql="select * from BookInfo";
    DialogResult result=MessageBox.Show("确实要将修改保存到数据库吗?","操作提
        示",MessageBoxButtons.OKCancel,MessageBoxIcon.Question);
    if (result==DialogResult.OK)
    {
        DataAccess.UpdateDataSet(ds,sql);
        MessageBox.Show("保存成功");
    }
    this.dgvBookInfo.DataSource=DataAccess.GetDataSetBySql(sql).Tables[0];
}
```

编写"更新封面信息"按钮单击事件，编写程序如代码 4-23 所示。

代码 4-23 "更新封面信息"按钮的单击事件。

```
private void btnUpdatePic_Click(object sender,EventArgs e)
{
    string pic=this.txtbPic.Text.ToString();
    int bookid=Convert.ToInt32(this.txtbID.Text);
    frmBookPic bookpic=new frmBookPic();
    bookpic.ShowContent(bookid,pic);
    bookpic.ShowDialog();
}
```

编写"更新"按钮的单击事件，编写程序如代码 4-24 所示。

代码 4-24 "更新"按钮的单击事件。

```
private void btnUpdate_Click(object sender,EventArgs e)
{
    string booktype=this.txtbType.Text.ToString();
    string bookname=this.txtbName.Text.ToString();
    string bookauthor=this.txtAuthor.Text.ToString();
    Double bookprice=Convert.ToDouble(this.txtbPrice.Text);
    string bookpic=this.txtbPic.Text.ToString();
    string bookcontent=this.txtbContent.Text.ToString();
    int bookissue=Convert.ToInt32(this.txtIssueID.Text);
    string sql=string.Format("update bookinfo set BookType='{0}',BookName='
        {1}',BookAuthor='{2}',BookPrice={3},BookPic='{4}',BookContent='{5}',
        BookIssue = {6} where BookID = {7}", booktype, bookname, bookauthor,
        bookprice, bookpic, bookcontent, bookissue, Convert. ToInt32 ( this.
        txtbID.Text));
    if (DataAccess.UpdateDataTable(sql))
    {
```

118

```
        MessageBox.Show("更新成功","提示",MessageBoxButtons.OK);
    }
    else
    {
        MessageBox.Show("更新失败","提示",MessageBoxButtons.OK);
    }
}
```

编写"删除"按钮的单击事件,编写程序如代码 4-25 所示。

代码 4-25 "删除"按钮的单击事件。

```
private void btnDel_Click(object sender,EventArgs e)
{
    Data Set ds = DataAccess. GetDataSetBySql ( " select * from IssueInfo where
        BookID="+Convert.ToInt32(this.txtbID.Text)+"");
    if (ds.Tables[0].Rows.Count>0)
    {
        MessageBox.Show("此书有借阅,不能删除");
        return;
    }
    else
    {
        string sql="delete from bookInfo where BookID="+this.txtbID.Text+"";
        if (DataAccess.UpdateDataTable(sql))
        {
            MessageBox.Show("删除成功","提示",MessageBoxButtons.OK);
        }
        else
        {
            MessageBox.Show("删除失败","提示",MessageBoxButtons.OK);
        }
    }
    this.txtAuthor.Text="";
    this.txtbContent.Text="";
    this.txtbID.Text="";
    this.txtbName.Text="";
    this.txtbPic.Text="";
    this.txtbPrice.Text="";
    this.txtbType.Text="";
}
```

6. 设计制作图书检索界面

"图书检索"的设计界面如图 4-42 所示,该界面的功能是按照检索条件查询图书,并显示图书的详细信息。

"图书检索"界面的设计步骤为:添加 2 个 GroupBox 控件,分别用于显示"搜索条件"和"搜索结果"。在"搜索条件"部分,先添加 3 个 Label 控件,分别用于显示"图书类别""图书名称"和"主要内容",然后添加 3 个 ComboBox 控件和 2 个 TextBox 控件,最后添加 2 个 Button 控件,作为"搜索"和"关闭"按钮。在"搜索结果"部分添加 1 个 dataGridView 控件,单击该控件右上角的智能标签,选择"编辑列"命令,编辑该控件的列如图 4-43 所示。

图 4-42 "图书检索"的设计界面

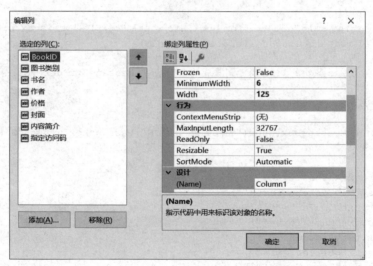

图 4-43 dataGridView 控件的列的属性编辑界面

编写"图书检索"窗体的 Form_Load 事件，编写程序如代码 4-26 所示。

代码 4-26 "图书检索"窗体的 Form_Load 事件。

```
private void frmSearchBook_Load(object sender,EventArgs e)
{
    //图书类别组合框初始化
    DataSet Myds = DataAccess.GetDataSetBySql("select distinct BookType from
        bookinfo");
    DataTable table=Myds.Tables[0];
    for (int i=0; i<table.Rows.Count; i++)
    {
```

```
        this.cboType.Items.Add(table.Rows[i][0].ToString().Trim());
    }
    cboType.SelectedIndex=0;
    this.cboOR.SelectedIndex=0;
    this.cboAnd.SelectedIndex=0;
}
```

编写"搜索"按钮的单击事件,编写程序如代码 4-27 所示。

代码 4-27　"搜索"按钮的单击事件。

```
private void btnSerch_Click(object sender,EventArgs e)
{
    string cbo1=this.cboOR.Text;
    string cbo2=this.cboAnd.Text;
    string booktype=cboType.Text;
    string bookname=this.txtName.Text;
    string bookcontent=this.txtContent.Text;
    //定义 SQL 语句
    string sql="select * from bookInfo where BookType = '"+booktype+"' "+cbo1+"
        BookName like '%"+bookname+"%' "+cbo2+" BookContent like '%"+
        bookcontent+"%'";
    //调用 DataAccess.GetDataSetBySql()方法
    DataSet Myds=DataAccess.GetDataSetBySql(sql);
    DataTable table=Myds.Tables[0];
    //指定数据源
    this.dgvSearchBook.DataSource=table;
}
```

7. 设计制作图书借阅界面

"图书借阅"的设计界面如图 4-44 所示,该界面的功能为提交借阅信息并显示借阅信息。

"图书借阅"界面的设计步骤为:首先添加 2 个 GroupBox 控件,分别用于显示"借阅详细信息录入"和"借阅详细信息显示"。然后在"借阅详细信息录入"部分,添加 5 个 Label 控件、3 个 TextBox 控件、1 个 ComboBox 控件、1 个 dateTimePicker 控件。在"借阅详细信息显示"部分,添加 1 个 dataGridView 控件。最后添加 2 个 Button 控件,分别作为"借阅"和"退出"按钮。

定义窗体的公共变量,编写程序如代码 4-28 所示。

代码 4-28　定义窗体的公共变量。

```
DataSet da;
```

编写窗体的 Form_Load 事件,编写程序如代码 4-29 所示。

代码 4-29　窗体的 Form_Load 事件。

```
private void frmIssueBook_Load(object sender,EventArgs e)
{
```

图 4-44 "图书借阅"的设计界面

```
DataSet ds=DataAccess.GetDataSetBySql("select BookInfo.BookID,bookinfo.
    BookName, IssueInfo. IssBookID, IssueInfo. IssDateTime from IssueInfo,
    BookInfo where BookInfo.BookID=IssueInfo.BookID");
this.dgvIssInfo.DataSource=ds.Tables[0];
da=DataAccess.GetDataSetBySql("select * from bookinfo");
this.cboBookName.DataSource=da.Tables[0];
this.cboBookName.DisplayMember="BookName";
this.cboBookName.ValueMember="BookID";
}
```

编写书名对应 ComboBox 控件的 SelectedIndexChanged 事件，编写程序如代码 4-30 所示。

代码 4-30 ComboBox 控件的 SelectedIndexChanged 事件。

```
private void cboBookName_SelectedIndexChanged(object sender,EventArgs e)
{
    foreach (DataRow objRow in da.Tables[0].Rows)
    {
        if (string. Compare(cboBookName. Text, objRow["BookName"].ToString(),
        true)==0)
        {
            this.txtBookAccessCode.Text=objRow["BookIssue"].ToString();
            this.txtAuthor.Text=objRow["BookAuthor"].ToString();
        }
    }
}
```

编写"借阅"按钮的单击事件，编写程序如代码 4-31 所示。

代码 4-31 "借阅"按钮的单击事件。

```
private void btnIssueBook_Click(object sender,EventArgs e)
{
    int bookid=Convert.ToInt32(this.cboBookName.SelectedValue);
    int issid=Convert.ToInt32(this.txtIssID.Text);                    //借阅证号
    DateTime date=Convert.ToDateTime(this.dateTimePicker1.Text);
    string sql=string.Format("insert into IssueInfo values({0},{1},'{2}')",
        bookid,issid,date);
    if (DataAccess.UpdateDataTable(sql))
    {
        MessageBox.Show("借阅成功");
    }
     Data Set data= DataAccess. GetDataSetBySql ( " select  BookInfo. BookID,
        BookInfo.BookName,IssueInfo.IssBookID,IssueInfo.IssDateTime from
        IssueInfo,BookInfo where BookInfo.BookID=IssueInfo.BookID");
    this.dgvIssInfo.DataSource=data.Tables[0];
}
```

项 目 小 结

　　本项目设计制作了一个图书管理系统,通过图书管理系统的设计与制作,让读者掌握了 C♯开发数据库应用程序的方法。本项目主要介绍了 ADO.NET 进行数据库应用程序开发的各种方法,以及 ADO.NET 最常用对象的使用方法。

项 目 拓 展

　　读者可以根据本项目的设计制作方法,模仿设计制作一个教材库管理系统。

项目5 设计制作文件管理系统

任务 5.1 文件管理系统功能的总体设计

文件管理是操作系统的一个重要组成部分,而文件操作是用户在应用程序中进行文件管理的一种手段。一个完整的应用程序肯定要涉及对系统和用户的信息进行存储、读取、修改等操作,因此,有效地实现文件操作是一个完善的应用程序所必须具备的内容。C♯提供了文件操作的强大功能,通过C♯程序的编写,可以实现文件的存储管理、对文件的读/写等各种操作。

本项目将使用C♯设计制作文件管理系统,通过本项目的设计制作,让读者掌握使用C♯进行文件操作的方法。

文件管理系统的功能结构如图 5-1 所示。

图 5-1 文件管理系统的功能结构图

在 Visual Studio 2019 编程环境中,创建一个名称为 5-1 的 Visual C♯ Windows 窗体应用程序,在窗体中添加 1 个菜单控件 menuStrip1,设计 menuStrip1 的菜单项如表 5-1 所示。

表 5-1 文件管理系统 menuStrip1 菜单项的内容

主菜单	二级菜单项	主菜单	二级菜单项
系统管理	退出系统	读写文件	读写文件
创建文件	创建文件	文件比较	文件比较
文件信息	显示信息		

首先设计"文件管理系统"的整体界面,如图 5-2 所示。

图 5-2　"文件管理系统"的设计界面

任务 5.2　设计制作简单的文件管理系统

5.2.1　设计制作创建文件的功能

1. 要求和目的

(1) 要求

设计一个文件管理器,能够创建文件,并写入文件内容。

(2) 目的

- 掌握文件类的使用方法。
- 掌握使用数据流写入文件信息的方法。

2. 设计步骤

(1) 在如图 5-2 所示的设计界面中,双击菜单"系统管理"的二级菜单项"退出系统"选项,编写程序如代码 5-1 所示。

代码 5-1　"退出系统"菜单项的事件。

```
private void 退出ToolStripMenuItem_Click(object sender,EventArgs e)
{
    this.Close();
}
```

打开 Visual Studio 2019 编程环境,创建一个名称为 5-1-1 的项目,如图 5-3 所示。

(2) 在新建的窗体上,设计如图 5-4 所示的界面。在界面中添加 3 个 GroupBox 控件,分别作为"输入文件名""输入文件内容"和"控制按钮"选项组。在"输入文件名"部分,添加 1 个 TextBox 控件。在"输入文件内容"部分,添加 1 个 TextBox 控件,并将该控件的 MultiLine 属性设置为 true。在"控制按钮"部分,添加 3 个 Button 控件,分别作为"创

图 5-3　创建 5-1-1 项目

建文件""写入内容"和"退出程序"按钮。

图 5-4　设计界面

（3）在窗体的代码设计界面，先添加"文件操作"的命名空间调用。

using System.IO;

（4）双击"创建文件"按钮，进入该按钮的单击事件，编写程序如代码 5-2 所示。

代码 5-2　"创建文件"按钮的单击事件。

private void button1_Click(object sender,EventArgs e)

```
{
    if (textBox1.Text=="")
    {
        MessageBox.Show( this," 文 件 名 称 不 能 为 空!"," 提 示 对 话 框 ",
            MessageBoxButtons.OK,MessageBoxIcon.Information);
    }
    else if (File.Exists(Application.StartupPath+"\\"+textBox1.Text))
    {
        MessageBox.Show(this,"该文件已存在!","提示对话框",MessageBoxButtons.
            OK,MessageBoxIcon.Information);
    }
    else
    {
        FileStream fs=File.Create(Application.StartupPath+"\\"+textBox1.Text);
        //创建文件
        fs.Close();
        MessageBox.Show(this,"成功创建文件!","提示对话框",MessageBoxButtons.
            OK,MessageBoxIcon.Information);
    }
}
```

（5）双击"写入内容"按钮,进入该按钮的单击事件,编写程序如代码 5-3 所示。

代码 5-3　"写入内容"按钮的单击事件。

```
private void button2_Click(object sender,EventArgs e)
{
    if (textBox1.Text=="")
    {
        MessageBox.Show( this," 文 件 名 称 不 能 为 空!"," 提 示 对 话 框 ",
            MessageBoxButtons.OK,MessageBoxIcon.Information);
    }
    else
    {
        StreamWriter sw = new StreamWriter (Application.StartupPath +"\\"+
            textBox1.Text);
        sw.Write(textBox2.Text);
        sw.Flush();
        sw.Close();
        MessageBox.Show (this," 成 功 向 文 件 中 写 入 内 容!"," 提 示 对 话 框 ",
            MessageBoxButtons.OK,MessageBoxIcon.Information);
    }
}
```

（6）双击"退出程序"按钮,进入该按钮的单击事件,编写程序如代码 5-4 所示。

代码 5-4　"退出程序"按钮的单击事件。

```
private void button3_Click(object sender,EventArgs e)
{
    this.Close();
    Application.Exit();                        //退出程序
}
```

3. 运行并测试程序

在 Visual Studio 2019 编程环境中，选择"调试"→"启动调试"菜单命令，使程序运行起来，并输入对应的内容，程序运行效果如图 5-5 所示。

在图 5-5 中，单击"创建文件"按钮，会出现"成功创建文件！"的提示框，如图 5-6 所示。单击"写入内容"按钮，会出现写入内容成功的提示，如图 5-7 所示。

图 5-5　程序运行结果

图 5-6　"成功创建文件！"的提示框

打开项目的 bin\Debug 文件夹，会发现已经创建了一个文件名为"文件 01.txt"的文件，内容是"文件 01 的内容"，如图 5-8 所示。

图 5-7　"成功向文件中写入内容！"的提示框

图 5-8　创建的文件及内容

4. 相关背景知识

（1）常用的文件操作类

文件是存储在外存储器上数据的集合。操作系统是以文件形式对数据进行管理的。C♯中文件操作的类的结构如图 5-9 所示。

（2）文件操作类及说明

• File：提供创建、复制、删除、移动和打开文件的静态方法，并协助创建 FileStream 对象。

• Directory：提供创建、复制、删除、移动和打开目录的静态方法。

图 5-9　C♯中文件操作的类的结构

- Path：对包含文件或目录路径信息的字符串执行操作。
- FileInfo：提供创建、复制、删除、移动和打开文件的实例方法，并帮助创建 FileSystem 对象。
- DirectoryInfo：提供创建、移动和枚举目录与子目录的实例方法。
- FileStream：指向文件流，支持对文件的读/写，支持随机访问文件。
- StreamReader：从流中读取字符数据。
- StreamWriter：向流中写入字符数据。
- FileSystemWatcher：用于监控文件和目录的变化。

（3）文件与目录对应的 File 类

为了方便目录和文件操作，系统专门提供了文件和目录类。.NET 中使用 File 类封装文件的操作，并且所有方法都是静态方法，可以通过类名调用它们，不必通过创建对象的实例调用。

File 类的常用方法如表 5-2 所示。

表 5-2　File 类的常用方法

方 法 名 称	方 法 含 义
Append()	打开指定文件并返回一个 StreamWriter 对象。以后可使用这个对象向指定文件中添加文本文件内容
Copy()	复制文件
Create()	创建指定文件并返回一个 FileStream 对象，如果指定的对象存在则覆盖已有对象
CreateText()	创建指定文本并返回一个 StreamWrite 对象
Delete()	删除指定文件
Exists()	判断文件是否存在
SetAttributes()	设置文件的属性
Move()	把文件移到新的位置
Open()	打开文件并返回 FileStream 对象，用户可使用这个对象对文件进行读/写操作

129

5.2.2 设计制作显示文件信息的功能

1. 要求和目的

（1）要求

设计制作一个文件显示功能，可以选择文件并显示选择文件的文件名、大小、最后访问时间、最后修改时间、路径。

（2）目的
- 掌握文件对话框控件的用法。
- 掌握文件类的使用方法。

2. 设计步骤

（1）打开 Visual Studio 2019 编程环境，新建一个名称为 5-1-2 的项目。在界面中添加 1 个 ListView 控件。然后添加 1 个 Label 控件，用于显示文件名。再添加 1 个 TextBox 控件。添加 1 个 Button 控件，作为"显示"按钮。最后添加 1 个 openFileDialog 控件，用作"文件"对话框。设计界面如图 5-10 所示。

图 5-10　文件信息显示的设计界面

（2）双击"显示"按钮，进入该按钮的单击事件，编写程序如代码 5-5 所示。

代码 5-5　"显示"按钮的单击事件。

```
private void button1_Click(object sender, EventArgs e)
{
    if (openFileDialog1.ShowDialog()==DialogResult.OK)
    {
        textBox1.Text=openFileDialog1.FileName;
        System.IO.FileInfo file = new System.IO.FileInfo(openFileDialog1.
            FileName);
        listView1.Clear();
```

```
listView1.Columns.Add("文件名",100,HorizontalAlignment.Left);
listView1.Columns.Add("大小",100,HorizontalAlignment.Left);
listView1.Columns.Add("最后访问时间",100,HorizontalAlignment.Left);
listView1.Columns.Add("最后修改时间",100,HorizontalAlignment.Left);
listView1.Columns.Add("路径",200,HorizontalAlignment.Left);
string[] str=
{
    file.Name,
    file.Length.ToString(),
    file.LastAccessTime.ToString(),
    file.LastWriteTime.ToString(),
    file.DirectoryName
};
ListViewItem item=new ListViewItem(str);
listView1.Items.Add(item);
    }
}
```

3. 运行并测试程序

（1）在 Visual Studio 2019 编程环境中，选择"调试"→"启动调试"菜单命令，使程序运行起来，程序运行效果如图 5-11 所示。

（2）单击"显示"按钮，会显示出"打开"对话框，如图 5-12 所示。

（3）选择文件之后，单击"打开"按钮，会显示所选文件的文件信息，如图 5-13 所示。

图 5-11　显示文件的程序运行效果

图 5-12　"打开"对话框

图 5-13　显示文件信息

4. 相关背景知识

（1）Directory 类

使用 Directory 类，可以用目录类创建并移动目录，还可列举目录及子目录的内容。Directory 类全部是静态方法。Directory 类的常用方法如表 5-3 所示。

表 5-3　Directory 类的常用方法

方 法 名 称	方 法 含 义
CreateDirectory()	创建目录和子目录
Delete()	删除目录及其内容
Move()	移动文件和目录内容
Exists()	确定给定的目录字符串是否存在物理上对应的目录
GetCurrentDirectory()	获取应用程序的当前工作目录
SetCurrentDirectory()	将应用程序的当前工作目录设置为指定目录
GetCreationTime()	获取目录创建的日期和时间
GetDirectories()	获取指定目录中子目录的名称
GetFiles()	获取指定目录中文件的名称

（2）DirectoryInfo 类

在使用 DirectoryInfo 类的属性和方法前必须先创建它的对象实例，在创建时需要指定该实例所对应的目录。例如：

```
DirectoryInfo di=new DirectoryInfo("C:\\mydir");
```

DirectoryInfo 类的常用方法见表 5-4。

（3）Path 类

Path 类用来处理路径字符串，它的方法也全部是静态的。Path 类的常用方法及说明如表 5-5 所示。

132

表 5-4 **DirectoryInfo** 类的常用方法

方 法 名 称	方 法 含 义
Create()	创建目录
Delete()	删除 DirectoryInfo 实例所引用的目录及其内容
MoveTo()	将 DirectoryInfo 实例及其内容移到新的路径
CreateSubDirectory()	创建一个或多个子目录
GetDirectories()	返回当前目录的子目录
GetFiles()	返回当前目录的文件列表

表 5-5 **Path** 类的常用方法

方 法 名 称	方 法 含 义
ChangExtension()	更改路径字符串的扩展名
Combine()	合并两个路径的字符串
GetDirectoryName()	返回指定路径字符串的目录信息
GetExtension()	返回指定路径字符串的扩展名
GetFileName()	返回指定路径字符串的文件名和扩展名
GetFileNameWithoutExtension()	返回不带扩展名的指定路径字符串的文件名
GetFullPath()	返回指定路径字符串的绝对路径
GetTempPath()	返回当前系统临时文件夹的路径
HasExtension()	确定路径是否包括文件扩展名

5.2.3 设计制作读/写文件的功能

1. 要求和目的

(1) 要求

设计一个文件读/写功能界面,能够读取文件的内容,能够创建文件并写入内容。

(2) 目的

- 掌握"打开"对话框的使用方法。
- 掌握"保存"对话框的使用方法。
- 掌握使用数据流读取文件的方法。
- 掌握使用数据流写入文件的方法。

2. 设计步骤

(1) 打开 Visual Studio 2019 编程环境,创建一个名为 5-1-3 的项目。在界面中添加

133

1个richTextBox控件、1个Label控件、1个TextBox控件。然后添加2个Button控件，分别作为"读文件"和"写文件"按钮。最后添加1个openFileDialog控件、1个saveFileDialog控件。设计界面如图5-14所示。

图5-14　读/写文件功能的设计界面

（2）定义窗体的公共变量。

```
//读文件
public TextWriter w;
//写文件
public TextReader r;
```

（3）双击"读文件"按钮，进入该按钮的单击事件，编写程序如代码5-6所示。

代码5-6　"读文件"按钮的单击事件。

```
private void button1_Click(object sender,EventArgs e)
{
    if (openFileDialog1.ShowDialog()==DialogResult.OK)
    {
        textBox1.Text=openFileDialog1.FileName;
        r=new StreamReader(openFileDialog1.FileName);
        richTextBox1.Text=r.ReadToEnd();
        r.Close();
    }
}
```

（4）双击"写文件"按钮，进入该按钮的单击事件，编写程序如代码5-7所示。

代码5-7　"写文件"按钮的单击事件。

```
private void button2_Click(object sender,EventArgs e)
{
    if (saveFileDialog1.ShowDialog()==DialogResult.OK)
    {
        textBox1.Text=saveFileDialog1.FileName;
```

```
        w=new StreamWriter(saveFileDialog1.FileName);
        w.Write(richTextBox1.Text);
        w.Flush();
        w.Close();
    }
}
```

3. 运行与测试程序

（1）在 Visual Studio 2019 编程环境中,选择"调试→开始调试"菜单命令,程序运行结果如图 5-15 所示。

图 5-15　读/写文件的程序运行结果

（2）在 richTextBox 控件中输入内容,然后单击"写文件"按钮,会出现一个"另存为"对话框,设置"文件名"并单击"保存"按钮,如图 5-16 所示。

图 5-16　"另存为"对话框

（3）单击"读文件"按钮，会出现一个"打开"对话框，选择文件，然后单击"打开"按钮，如图 5-17 所示。

图 5-17　"打开"对话框

（4）打开文件之后，文件内容会显示在 richTextBox 控件中，如图 5-18 所示。

图 5-18　打开文件的界面

5.2.4　设计制作文件比较的功能

1. 要求和目的

（1）要求

设计一个文件比较功能界面，能够选择源文件和目标文件，然后对源文件和目标文件进行比较，判断是否相同。

136

（2）目的

- 掌握"打开"对话框的使用方法。
- 掌握"保存"对话框的使用方法。
- 掌握使用数据流读取文件的方法。

2. 设计步骤

（1）打开 Visual Studio 2019 编程环境,创建一个名为 5-1-4 的项目。在界面中首先添加 3 个 GroupBox 控件,分别用作"源文件位置及名称""目标文件位置及名称"和"控制按钮"选项组。然后添加 4 个 Button 控件,分别用于"打开源文件""打开目标文件""比较文件"和"退出程序"按钮。最后添加 1 个 openFileDialog 控件。设计界面如图 5-19 所示。

图 5-19　文件比较功能的设计界面

（2）双击"打开源文件"按钮,进入该按钮的单击事件,编写程序如代码 5-8 所示。

代码 5-8　"打开源文件"按钮的单击事件。

```
private void button1_Click(object sender,EventArgs e)
{
    openFileDialog1.Filter="*.txt;*.doc|*.txt;*.doc";
    if (openFileDialog1.ShowDialog()==DialogResult.OK)
    {
        textBox1.Text=openFileDialog1.FileName;          //要判断的第一个文件
    }
    else
    {
        MessageBox.Show(this,"打开文件错误!","提示对话框",MessageBoxButtons.
            OK,MessageBoxIcon.Information);
    }
}
```

（3）双击"打开目标文件"按钮,进入该按钮的单击事件,编写程序如代码 5-9 所示。

代码 5-9 "打开目标文件"按钮的单击事件。

```
private void button2_Click(object sender,EventArgs e)
{
    openFileDialog1.Filter="* .txt; * .doc|* .txt; * .doc";
    if (openFileDialog1.ShowDialog()==DialogResult.OK)
    {
        textBox2.Text=openFileDialog1.FileName;      //要判断的第二个文件
    }
    else
    {
        MessageBox.Show(this,"打开文件错误!","提示对话框",MessageBoxButtons.
            OK,MessageBoxIcon.Information);
    }
}
```

（4）双击"比较文件"按钮，进入该按钮的单击事件，编写程序如代码 5-10 所示。

代码 5-10 "比较文件"按钮的单击事件。

```
private void button3_Click(object sender,EventArgs e)
{
    StreamReader sr1=new StreamReader(textBox1.Text);
    StreamReader sr2=new StreamReader(textBox2.Text);
    if (object.Equals(sr1.ReadToEnd(),sr2.ReadToEnd()))     //读取文件内容并进行判断
    {
        MessageBox.Show(this,"两个文件相同!","提示对话框",MessageBoxButtons.
            OK,MessageBoxIcon.Information);
    }
    else
    {
        MessageBox.Show(this,"两个文件不相同!","提示对话框",MessageBoxButtons.
            OK,MessageBoxIcon.Information);
    }
}
```

3. 运行与测试程序

（1）在 Visual Studio 2019 编程环境中，选择"调试"→"启动调试"菜单命令，使程序运行起来，程序运行效果如图 5-20 所示。

图 5-20 文件比较功能的程序运行效果

（2）分别单击"打开源文件"按钮和"打开目标文件"按钮，选择需要的文件，如图 5-21 所示。

图 5-21　选择文件对话框

（3）单击"比较文件"按钮，会对两次选择的文件进行比较，并给出提示，如图 5-22 所示。

图 5-22　比较文件功能的提示框

项 目 小 结

本项目设计制作了文件管理系统的部分功能，主要是通过编写 C♯ 程序，实现文件的存储管理、对文件的读/写等各种操作。

项 目 拓 展

读者可以根据本项目设计制作的文件管理功能模块，设计制作出一个功能更完善的文件管理系统。

项目6 设计制作酒店客房管理系统

随着信息技术的迅速发展,酒店业务涉及的工作环节,从入住登记直至最后退房结账,整个过程应该能够体现以客户为中心。酒店应该提供快捷、方便的服务,给客户顾客至上的感受。提高酒店的管理水平,简化各种复杂的操作,在最合理、最短的时间内完成酒店业务规范操作,以提高酒店的服务水平和竞争力。面对酒店业内的激烈竞争,各酒店均在努力提高其服务水平。采用全新的网络技术和管理系统,将成为提高酒店的管理效率,改善服务水准的重要手段之一。

酒店行业的激烈竞争使得酒店要争取客源、提高酒店的满员率、提高酒店管理的效率。借助信息技术来提高管理效率,最终提高经济效益已经成为许多酒店的首选。计算机管理系统在保存数据、查询数据等方面还具有强大的优势,是手工操作所不能完成的。因此,本项目将设计制作一套酒店客房管理系统,通过项目的设计与制作,让读者掌握使用 Visual Studio 2019 设计制作完整系统的流程,同时也强化前面项目所学到的基础知识与技能。

任务 6.1 系统功能总体设计

本项目将设计制作一套酒店客房管理系统,该系统包括以下功能:管理员登录、管理员注册、管理员更新、客房楼管理、客房管理、客户信息录入、入住宿舍登记、报修登记、维修反馈、违规信息录入、违规处理、帮助信息、用户信息查询、维修记录查询、违规记录查询等功能模块。

6.1.1 系统的功能结构设计

本系统的功能模块有以下几个:系统管理(包括管理员注册和管理员更新)、资源管理(包括客房楼管理和客房管理)、入住管理(包括客户信息登记和入住登记)、报修管理(包括报修登记和维修反馈)、违规管理(包括违规登记和处理意见)、数据查询(包括用户信息查询和维修记录查询等)。系统的结构如图 6-1 所示。

该项目包含的功能界面如下。

(1) 关于界面 About.cs。

图 6-1　酒店客房管理系统功能结构

（2）酒店楼号信息界面 BuildInfo.cs。

（3）添加违规记录界面 DormFouls.cs。

（4）客房信息界面 DormInfo.cs。

（5）入住信息界面 DormRegister.cs。

（6）维修信息界面 DormRepair.cs。

（7）违规处理界面 FoulsFeedback.cs。

（8）违规登记界面 FoulsRecord.cs。

（9）顾客信息录入界面 InfoRegister.cs。

（10）信息查询界面 InfoSearch.cs。

（11）登录界面 login.cs。

（12）管理员信息注册界面 MRegister.cs。

（13）管理员更新界面 MUpdate.cs。

（14）维修反馈信息界面 RepairFeedback.cs。

（15）报修记录界面 RepairRecord.cs。

（16）系统管理主界面 WFMain.cs。

本项目的工程文件列表如图 6-2 所示。

图 6-2　项目工程文件列表

6.1.2　系统的数据库设计

1. 数据库设计

本系统采用 SQL Server 2008 作为后台数据库，数据库名为 Virgo。本数据库包含 7 个数据表，分别是客房楼信息表 DB_BuildInfo、违规记录数据表 DB_DormDes、客房信息数据表 DB_DormInfo、入住登记信息表 DB_DormRegister、维修记录信息表 DB_DormRepair、管理员信息数据表 DB_ManageInfo、顾客信息数据表 DB_StuInfo。数据表的列表结构如图 6-3 所示。

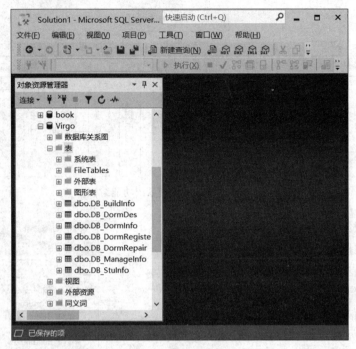

图 6-3 数据表列表结构

2. 数据表设计

（1）"客房楼信息表"DB_BuildInfo 的字段如表 6-1 所示，数据表的设计界面如图 6-4 所示。

表 6-1 "客房楼信息表"DB_BuildInfo 的字段

字段名	数据类型	说　明	字段名	数据类型	说　明
buildId	int	编号	buildNo	int	楼号
buildArea	nchar(10)	区域	buildMsg	nchar(4)	楼信息说明

图 6-4 "客房楼信息表"的设计界面

（2）"违规记录数据表"DB_DormDes 的字段如表 6-2 所示，数据表的设计界面如图 6-5 所示。

表 6-2　"违规记录数据表"DB_DormDes 的字段

表 6-2　"违规记录数据表"DB_DormDes 的字段

字段名	数据类型	说　明	字段名	数据类型	说　明
msgId	int	信息编号	foulsTime	datetime	提交时间
buildArea	varchar(10)	区域	dormMsg	text	客房信息
buildNo	int	楼号	dormResult	text	处理结果
dormNo	int	客房号			

图 6-5　"违规记录数据表"的设计界面

（3）"客房信息数据表"DB_DormInfo 的字段如表 6-3 所示，数据表的设计界面如图 6-6 所示。

表 6-3　"客房信息数据表"DB_DormInfo 的字段

字段名	数据类型	说　明	字段名	数据类型	说　明
dormId	int	房间编号	dormNo	int	房间号
buildArea	varchar(10)	楼区	bedNum	int	床数
buildNo	int	楼号	dormElse	text	其他说明

图 6-6　"客房信息数据表"的设计界面

（4）"入住登记信息表"DB_DormRegister 的字段如表 6-4 所示，数据表的设计界面如图 6-7 所示。

表 6-4 "入住登记信息表"DB_DormRegister 的字段

字段名	数据类型	说 明	字段名	数据类型	说 明
stuNo	char(9)	编号	buildNo	int	客房楼号
buildArea	varchar(10)	楼区	dormNo	int	客房号

图 6-7 "入住登记信息表"的设计界面

（5）"维修记录信息表"DB_DormRepair 的字段如表 6-5 所示，数据表的设计界面如图 6-8 所示。

表 6-5 "维修记录信息表"DB_DormRepair 的字段

字段名	数据类型	说 明	字段名	数据类型	说 明
repairId	int	维修记录编号	RepairTime	datetime	上报时间
buildArea	varchar(10)	楼区	dormJob	text	保修内容
buildNo	int	客房楼号	repairResult	text	处理结果
dormNo	int	客房号			

图 6-8 "维修记录信息表"的设计界面

（6）"管理员信息数据表"DB_ManageInfo 的字段如表 6-6 所示，数据表的设计界面如图 6-9 所示。

表 6-6 "管理员信息数据表"DB_ManageInfo 的字段

字段名	数据类型	说 明	字段名	数据类型	说 明
loginId	int	编号	loginPwd	varchar(13)	密码
loginNo	varchar(10)	用户名	loginType	varchar(10)	登录类型

图 6-9 "管理员信息数据表"的设计界面

(7)"顾客信息数据表"DB_StuInfo 的字段如表 6-7 所示,数据表的设计界面如图 6-10 所示。

表 6-7 "顾客信息数据表"DB_StuInfo 的字段

字段名	数据类型	说　明	字段名	数据类型	说　明
stuNo	char(13)	编号	stuDepart	varchar(18)	联系方式
stuName	varchar(10)	姓名	stuPro	varchar(18)	电话
stuSex	char(2)	性别	stuElse	text	其他信息
stuTime	datetime	时间			

图 6-10 "顾客信息数据表"的设计界面

任务 6.2　系统详细设计

在设计具体的功能界面之前,首先需要对系统的公共类进行设计,本系统中设计了一个数据库访问类,用于对数据库的查询、增加、删除和修改操作,类名是 DBHelper.cs,该类的程序如代码 6-1 所示。

代码 6-1 数据库操作类 DBHelper.cs。

```
class DBHelper
{
    private static SqlCommand cmd=null;
    private static SqlDataReader dr=null;
```

```csharp
//数据库连接字符串
private static string connectionString="Data Source=.; Initial Catalog=
    Virgo; Integrated Security=SSPI";
//数据库连接 Connection 对象
public static SqlConnection connection=new SqlConnection(connectionString);
public DBHelper()
{ }
#region 返回结果集
public static SqlDataReader GetResult(string sql)
{
    try
    {
        cmd=new SqlCommand();
        cmd.CommandText=sql;
        cmd.Connection=connection;
        cmd.Connection.Open();
        dr=cmd.ExecuteReader();
        return dr;
    }
    catch (Exception ex)
    {
        MessageBox.Show(ex.Message);
        return null;
    }
    finally
    {
        //dr.Close();
        //cmd.Connection.Close();
    }
}
#endregion
#region 对于 Select 语句,返回 int 型结果集
public static int GetSqlResult(string sql)
{
    try
    {
        cmd=new SqlCommand();
        cmd.CommandText=sql;
        cmd.Connection=connection;
        cmd.Connection.Open();
        int a=(int)cmd.ExecuteScalar();
        return a;
    }
    catch (Exception ex)
    {
        MessageBox.Show(ex.Message);
```

```
        return-1;
    }
    finally
    {
        cmd.Connection.Close();
    }
}
#endregion
#region 对于 Update、Insert 和 Delete 语句,返回对应命令所影响的行数
public static int GetDsqlResult(string sql)
{
    try
    {
        cmd=new SqlCommand();
        cmd.CommandText=sql;
        cmd.Connection=connection;
        cmd.Connection.Open();
        cmd.ExecuteNonQuery();
        return 1;
    }
    catch (Exception ex)
    {
        MessageBox.Show(ex.Message);
        return-1;
    }
    finally
    {
        cmd.Connection.Close();
    }
}
#endregion
}
```

6.2.1　设计用户登录界面 login.cs

"酒店客房管理系统"的管理员登录界面如图 6-11 所示。

1. 设计界面

"酒店客房管理系统"界面的设计步骤为:首先在 Form 窗体中添加 2 个 Label 控件,分别用于显示"用户名""密码"标签。然后添加 2 个 TextBox 控件,用于接收"用户名"和"密码"的输入。最后添加 2 个 Button 控件,分别用作"登录"和"取消"按钮。

2. 编写代码

(1) 在窗体界面中双击"登录"按钮,进入该按钮的单击事件,验证"用户名"和"密

图 6-11 "酒店客房管理系统"的管理员登录界面

码"，并登录到管理界面。编写该按钮的单击事件的程序如代码 6-2 所示。

代码 6-2 "登录"按钮的单击事件。

```csharp
private void btnLogin_Click(object sender, EventArgs e)
{
    bool isValidUser=false;
    string message="";
    if (IsValidataInput())
    {
        //验证用户是否为合法用户
        isValidUser=IsValidataUser(txtLoginNo.Text.Trim(),txtLoginPwd.Text,
            ref message);
        if (isValidUser)
        {
            WFMain sfm=new WFMain();
            sfm.Show();
            this.Hide();
        }
        else
        {
            MessageBox.Show(message,"登录提示",MessageBoxButtons.OK,
                MessageBoxIcon.Asterisk);
        }
    }
}
```

（2）这段代码中调用了一个 IsValidataInput()方法，该方法用于验证用户输入的登录信息是否合法，编写该方法的程序如代码 6-3 所示。

148

代码 6-3　验证用户输入信息。

```
private bool IsValidataInput()
{
    if (txtLoginNo.Text.Trim()=="")
    {
        MessageBox.Show ("请输入账号!","登录提示",MessageBoxButtons.OK,
            MessageBoxIcon.Information);
        txtLoginNo.Focus();
        return false;
    }
    else if (txtLoginPwd.Text=="")
    {
        MessageBox.Show ("请输入密码!","登录提示",MessageBoxButtons.OK,
            MessageBoxIcon.Information);
        txtLoginPwd.Focus();
        return false;
    }
    return true;
}
```

(3) 在代码 6-2 中,调用了验证用户是否是合法的 IsValidataUser()方法,编写该方法的程序如代码 6-4 所示。

代码 6-4　编写 IsValidataUser()方法。

```
#region 验证用户是否合法
//传递用户账号、密码,合法则返回 true,不合法则返回 false。message 参数用来记录验证失
    败的原因
private bool IsValidataUser(string loginNo,string loginPwd, ref string message)
{
    string sql = String.Format ("select count(*) from DB_ManageInfo where
        loginNo='{0}' and loginPwd='{1}'",loginNo,loginPwd);
    int a=DBHelper.GetSqlResult(sql);
    if (a<1)
    {
        message="该用户名或密码不存在!";
        return false;
    }
    else
    {
        return true;
    }
}
#endregion
```

(4) 双击"退出"按钮,进入该按钮的单击事件,编写程序如代码 6-5 所示。

代码 6-5 "退出"按钮的单击事件。

```
private void button2_Click(object sender,EventArgs e)
{
    DialogResult result = MessageBox. Show ( " 您 确 定 要 退 出 吗?"," 操 作 提 示 ",
        MessageBoxButtons.OKCancel,MessageBoxIcon.Question);
    if (result==DialogResult.OK)
    {
        Application.Exit();
    }
}
```

6.2.2 设计管理主界面 WFMain.cs

管理员在登录界面中输入正确的"用户名"和"密码"，会进入管理主界面。管理主界面可以使用系统的所有功能。

1. 界面设计

管理主界面 Form 窗体的 IsMdiContainer 属性设置为 true，此属性将窗体的显示和行更改为 MDI 父窗体。当此属性设置为 true 时，该窗体显示具有凸起边框的凹陷工作区。所有分配给该父窗体的 MDI 子窗体都在该父窗体的工作区内显示，即本系统的其他功能模块都作为管理主界面的子窗体出现，并包含在主界面中。"管理主界面"的设计界面如图 6-12 所示。

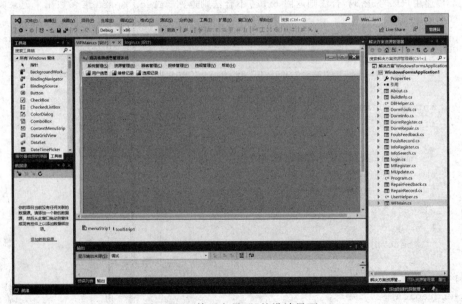

图 6-12 "管理主界面"的设计界面

"管理主界面"界面的设计步骤为：首先在窗体中添加 1 个 menuStrip 菜单控件，用于显示界面中的"系统管理""资源管理""顾客管理""报修管理""违规管理"和"帮助"菜单项。然后添加 1 个 toolStrip 控件,用于显示界面中的工具栏上的"用户信息""维修记录""违规记录"。

（1）设计"系统管理"的菜单项,添加子菜单项"管理员注册""管理员更新"和"退出"。设计界面如图 6-13 所示。

（2）设计"资源管理"菜单项,添加子菜单"楼号管理"和"客房管理",设计界面如图 6-14 所示。

图 6-13　"系统管理"菜单项的设计界面

图 6-14　"资源管理"菜单项的设计界面

（3）设计"顾客管理"菜单项,添加子菜单"信息登记"和"入住登记",设计界面如图 6-15 所示。

图 6-15　"顾客管理"菜单项的设计界面

（4）设计"报修管理"菜单项,添加子菜单"报修登记"和"维修反馈",设计界面如图 6-16 所示。

图 6-16　"报修管理"菜单项的设计界面

（5）设计"违规管理"菜单项,添加子菜单"违规登记"和"处理意见",设计界面如

图 6-17 所示。

图 6-17　"违规管理"菜单项的设计界面

（6）设计"帮助"菜单项，添加子菜单项"关于"，设计界面如图 6-18 所示。

（7）设计工具栏，依次添加 3 个 toolStripButton 控件，用于显示"用户信息""维修记录"和"违规记录"功能按钮。设计界面如图 6-19 所示。

图 6-18　"帮助"菜单项的设计界面　　　　　图 6-19　工具栏的设计界面

2. 编写代码

（1）进入管理主界面的代码文件编辑状态，添加一个用于显示主界面子窗体的方法 OpenUniqueMDIChildWindow()，该方法用于将系统的其他功能界面作为子窗体并显示在管理主界面中。编写该方法的程序如代码 6-6 所示。

代码 6-6　显示子窗体的方法。

```csharp
private T OpenUniqueMDIChildWindow<T>(Form mdiParent) where T : Form,new()
{
    foreach (Form subForm in mdiParent.MdiChildren)
    {
        if (!subForm.GetType().Equals(typeof(T)))
        {
            subForm.Close();
        }
        else
        {
            subForm.Activate();
            return subForm as T;
        }
    }
    T newForm=new T();
    newForm.MdiParent=mdiParent;
    newForm.StartPosition=FormStartPosition.CenterScreen;
```

```
        newForm.Show();
        return newForm;
}
```

（2）编写"管理员注册"菜单项的单击事件，如代码 6-7 所示，这段代码将打开 MRegister 功能界面。

代码 6-7　"管理员注册"菜单项的单击事件。

```
private void adminRToolStripMenuItem_Click(object sender,EventArgs e)
{
        OpenUniqueMDIChildWindow<MRegister>(this);
}
```

（3）编写"管理员更新"菜单项的单击事件，如代码 6-8 所示，这段代码将打开 MUpdate 功能界面。

代码 6-8　"管理员更新"菜单项的单击事件。

```
private void updateUToolStripMenuItem_Click(object sender,EventArgs e)
{
        OpenUniqueMDIChildWindow<MUpdate>(this);
}
```

（4）编写"客房楼管理"菜单项的单击事件，如代码 6-9 所示，这段代码将打开 BuildInfo 功能界面。

代码 6-9　"客房楼管理"菜单项的单击事件。

```
private void louBToolStripMenuItem_Click(object sender,EventArgs e)
{
        OpenUniqueMDIChildWindow<BuildInfo>(this);
}
```

（5）编写"客房管理"菜单项的单击事件，如代码 6-10 所示，这段代码将打开 DormInfo 功能界面。

代码 6-10　"客房管理"菜单项的单击事件。

```
private void susheDToolStripMenuItem_Click(object sender,EventArgs e)
{
        OpenUniqueMDIChildWindow<DormInfo>(this);
}
```

（6）编写"信息登记"菜单项的单击事件，如代码 6-11 所示，这段代码将打开 StuInfoRegister 功能界面。

代码 6-11　"信息登记"菜单项的单击事件。

```
private void xinxiEToolStripMenuItem_Click(object sender,EventArgs e)
{
        OpenUniqueMDIChildWindow<StuInfoRegister>(this);
}
```

（7）编写"报修登记"菜单项的单击事件，如代码 6-12 所示，这段代码将打开

DormRepair 功能界面。

代码 6-12 "报修登记"菜单项的单击事件。

```
private void baoxiuOToolStripMenuItem_Click(object sender,EventArgs e)
{
    OpenUniqueMDIChildWindow<DormRepair>(this);
}
```

（8）编写"维修反馈"菜单项的单击事件，如代码 6-13 所示，这段代码将打开 RepairFeedback 功能界面。

代码 6-13 "维修反馈"菜单项的单击事件。

```
private void weixiuFToolStripMenuItem_Click(object sender,EventArgs e)
{
    OpenUniqueMDIChildWindow<RepairFeedback>(this);
}
```

（9）编写"违规登记"菜单项的单击事件，如代码 6-14 所示，这段代码将打开 DormFouls 功能界面。

代码 6-14 "违规登记"菜单项的单击事件。

```
private void weiguiDToolStripMenuItem_Click(object sender,EventArgs e)
{
    OpenUniqueMDIChildWindow<DormFouls>(this);
}
```

（10）编写"处理意见"菜单项的单击事件，如代码 6-15 所示，这段代码将打开 FoulsFeedback 功能界面。

代码 6-15 "处理意见"菜单项的单击事件。

```
private void chuliYToolStripMenuItem_Click(object sender,EventArgs e)
{
    OpenUniqueMDIChildWindow<FoulsFeedback>(this);
}
```

（11）编写"帮助"菜单项的单击事件，如代码 6-16 所示，这段代码将打开 About 功能界面。

代码 6-16 "帮助"菜单项的单击事件。

```
private void guanyuAToolStripMenuItem_Click(object sender,EventArgs e)
{
    OpenUniqueMDIChildWindow<About>(this);
}
```

（12）编写工具栏"用户信息"的单击事件，如代码 6-17 所示，这段代码将打开 StuInfoSearch 功能界面，用于显示用户信息。

代码 6-17 "用户信息"的单击事件。

```
private void tsbStuInfoSearch_Click(object sender,EventArgs e)
{
    OpenUniqueMDIChildWindow<StuInfoSearch>(this);
}
```

（13）编写工具栏"维修记录"的单击事件，如代码 6-18 所示，这段代码将打开 RepairRecord 功能界面，用于显示维修记录。

代码 6-18　"维修记录"的单击事件。

```
private void toolStripButton1_Click(object sender,EventArgs e)
{
    OpenUniqueMDIChildWindow<RepairRecord>(this);
}
```

（14）编写工具栏"违规记录"的单击事件，如代码 6-19 所示，这段代码将打开 FoulsRecord 功能界面，用于显示违规记录。

代码 6-19　"违规记录"的单击事件。

```
private void toolStripButton2_Click(object sender,EventArgs e)
{
    OpenUniqueMDIChildWindow<FoulsRecord>(this);
}
```

6.2.3　设计管理员注册功能界面 MRegister.cs

"管理员注册"的设计界面如图 6-20 所示，该界面的作用是添加管理员信息。

1. 设计界面

"管理员注册"界面的设计步骤为：首先添加 1 个 GroupBox 控件，用于显示"注册信息"选项组。再添加 3 个 Label 控件，分别用于显示"账号""密码""确认密码"标签。然后添加 3 个 TextBox 控件，分别用于接受用户输入的"账号""密码"和"确认密码"。最后添加 2 个 Button 按钮，分别用作"确定"和"关闭"按钮。

图 6-20　"管理员注册"的设计界面

2. 编写代码

（1）进入该窗体的 Form_Load 事件，编写程序如代码 6-20 所示。这段代码的作用是将光标停留在"账号"的文本框上。

代码 6-20　管理员注册窗体的 Form_Load 事件。

```
private void MRegister_Load(object sender,EventArgs e)
{
    txtLoginNo.Focus();
}
```

（2）双击"确定"按钮，进入该按钮的单击事件，编写程序如代码 6-21 所示。这段代码的作用是将管理员信息写入数据库中。

代码 6-21 "确定"按钮的单击事件。

```
private void btnEnter_Click(object sender,EventArgs e)
{
    bool isValidUser=false;
    string message="";
    if (IsValidataInput())
    {
        //验证用户是否为合法用户
            isValidUser= IsValidataUser(txtLoginNo.Text.Trim(),txtLoginPwd.
                Text,cboLoginType.Text,ref message);
        if (isValidUser)
        {
            string sql = String.Format ("insert into DB_ManageInfo(loginNo,
                loginPwd,loginType) values ('{0}','{1}','{2}')",txtLoginNo.
                Text.Trim(),txtLoginPwd.Text,cboLoginType.Text);
            int result=DBHelper.GetDsqlResult(sql);
            if (result==1)
            {
            MessageBox.Show("注册成功!","注册提示",MessageBoxButtons.OK,
                MessageBoxIcon.Asterisk);
            }
            else
            {
                MessageBox.Show("注册失败!","注册提示",MessageBoxButtons.OK,
                    MessageBoxIcon.Asterisk);
            }
        }
        else
        {
            MessageBox.Show(message,"注册提示",MessageBoxButtons.OK,
                MessageBoxIcon.Asterisk);
        }
        txtLoginNo.Clear();
        txtLoginPwd.Clear();
        DtxtLoginPwd.Clear();
        cboLoginType.SelectedIndex=-1;
        txtLoginNo.Focus();
    }
}
```

（3）代码 6-21 调用了 IsValidataInput()方法,该方法的作用是验证注册的用户是否合法,编写该方法的程序如代码 6-22 所示。

代码 6-22 IsValidataInput()方法。

```
private bool IsValidataInput()
{
    if (txtLoginNo.Text.Trim()=="")
```

```
    {
        MessageBox.Show("请输入账号!","注册提示",MessageBoxButtons.OK,
            MessageBoxIcon.Information);
        txtLoginNo.Focus();
        return false;
    }
    else if (txtLoginPwd.Text=="")
    {
        MessageBox.Show("请输入密码!","注册提示",MessageBoxButtons.OK,
            MessageBoxIcon.Information);
        txtLoginPwd.Focus();
        return false;
    }
    else if (DtxtLoginPwd.Text=="")
    {
        MessageBox.Show("请再次确认输入密码!","注册提示",MessageBoxButtons.OK,
            MessageBoxIcon.Information);
        DtxtLoginPwd.Focus();
        return false;
    }
    else if (!txtLoginPwd.Text.Equals(DtxtLoginPwd.Text))
    {
        MessageBox.Show("两次输入的密码不一致,请重新输入!","注册提示",
            MessageBoxButtons.OK,MessageBoxIcon.Information);
        DtxtLoginPwd.Clear();
        txtLoginPwd.Clear();
        txtLoginPwd.Focus();
        return false;
    }
    else if (cboLoginType.Text=="")
    {
        MessageBox.Show("请选择登录类型!","注册提示",MessageBoxButtons.OK,
            MessageBoxIcon.Information);
        cboLoginType.Focus();
        return false;
    }
    return true;
}
```

(4) 在代码 6-21 中,调用了 IsValidataUser()方法,该方法的作用是判断用户信息是否已经注册,编写该方法的程序如代码 6-23 所示。

代码 6-23 IsValidataUser()方法。

```
private bool IsValidataUser(string loginNo,string loginPwd,string loginType,
ref string message)
{
    string sql=String.Format("select count(*) from DB_ManageInfo where
        loginNo='{0}' and loginType='{1}'",loginNo,loginType);
    int count=DBHelper.GetSqlResult(sql);
```

```
        if (count==1)
        {
            message="该账号已经存在,请重新注册!";
            return false;
        }
        else
        {
            return true;
        }
    }
```

（5）双击"关闭"按钮,进入该按钮的单击事件,编写程序如代码 6-24 所示。

代码 6-24 "关闭"按钮的单击事件。

```
private void btnCanel_Click(object sender,EventArgs e)
{
    this.Close();
}
```

6.2.4 设计管理员更新功能界面 MUpdate.cs

"管理员更新"的设计界面如图 6-21 所示,该界面的功能是查询和更新管理员用户的信息,具体是修改管理员的密码和权限。

1. 设计界面

"管理员更新"界面的设计步骤为：首先添加 2 个 GroupBox 控件,分别用于显示"选择查询条件"部分和"数据更新"部分。其次添加 1 个 Panel 控件,在 Panel 控件中添加 1 个 ListView 控件,用于显示查询的结果。在"选择查询条件"部分添加 1 个标签、1 个下拉列表框、2 个按钮并修改属性。在"数据更新"部分,添加 3 个 Label 控件,分别用于显示"编号""账号""密码"标签。然后添加 3 个 TextBox 控件,前两个的 ReadOnly 属性设置为 true。再添加 1 个 ComboBox 控件。最后添加 2 个 Button 按钮,分别用作"更新"和"删除"按钮。

2. 编写代码

（1）进入该窗体的代码编辑界面。添加一个命名空间 using System.Data.SqlClient。在类中,添加一个数据对象的定义 private SqlDataReader dataReader。

（2）添加窗体的 Form_Load 事件,如代码 6-25 所示。这段代码的作用是"查询管理员信息",并显示在 ListView 控件上。

代码 6-25 窗体的 Form_Load 事件。

```
private void MUpdate_Load(object sender,EventArgs e)
{
    try
```

图 6-21 "管理员更新"的设计界面

```
{
    dataReader=DBHelper.GetResult("select * from DB_ManageInfo");
    while (dataReader.Read())
    {
        ListViewItem lviManageInfo=new ListViewItem();
        lviManageInfo.SubItems.Clear();
        lviManageInfo.SubItems[0].Text=dataReader["loginId"].ToString();
        lviManageInfo.SubItems.Add(dataReader["loginNo"].ToString());
        lviManageInfo.SubItems.Add(dataReader["loginPwd"].ToString());
        lviManageInfo.SubItems.Add(dataReader["loginType"].ToString());
        lvManageInfo.Items.Add(lviManageInfo);
    }
    dataReader.Close();
}
catch (Exception ex)
{
    MessageBox.Show(ex.Message);
}
finally
{
    DBHelper.connection.Close();
    dLblLoginId.Text="";
    txtLoginNo.Text="";
```

```
        txtLoginPwd.Clear();
        CboLoginType.SelectedIndex=-1;
        DcboLoginType.SelectedIndex=-1;
    }
}
```

（3）双击"查询"按钮，进入该按钮的单击事件，如代码 6-26 所示。

代码 6-26 "查询"按钮的单击事件。

```
private void btnSearch_Click(object sender,EventArgs e)
{
    if (CboLoginType.Text=="")
    {
    MessageBox. Show ( " 请 选 择 所 要 查 找 的 权 限 用 户!"," 操 作 提 示 ",
        MessageBoxButtons.OK,MessageBoxIcon.Asterisk);
    }
    else
    {
    string sql=String.Format("select loginId,loginNo,loginPwd,loginType from
        DB_ManageInfo where loginType='{0}'",CboLoginType.Text);
    try
    {
        dataReader=DBHelper.GetResult(sql);
        if (!dataReader.Read())
        {
            lvManageInfo.Items.Clear();
            MessageBox.Show("查无此权限用户信息!","操作提示",MessageBoxButtons.
                OK,MessageBoxIcon.Asterisk);
        }
        else
        {
            dataReader.Close();
            DBHelper.connection.Close();
            sql=String.Format("select loginId,loginNo,loginPwd,loginType from
                DB_ManageInfo where loginType='{0}'",CboLoginType.Text);
            //重新指定 SQL 命令
            dataReader=DBHelper.GetResult(sql);
            lvManageInfo.Items.Clear();
            while (dataReader.Read())
            {
                ListViewItem lviManageInfo=new ListViewItem();
                lviManageInfo.SubItems.Clear();
                lviManageInfo.SubItems[0].Text=dataReader["loginId"].ToString();
                lviManageInfo.SubItems.Add(dataReader["loginNo"].ToString());
                lviManageInfo.SubItems.Add(dataReader["loginPwd"].ToString());
                lviManageInfo.SubItems.Add(dataReader["loginType"].ToString());
                lvManageInfo.Items.Add(lviManageInfo);
            }
```

```
        }
    dataReader.Close();
    }
        catch (Exception ex)
        {
            MessageBox.Show(ex.Message);
        }
        finally
        {
            DBHelper.connection.Close();
        }
    }
    dLblLoginId.Text="";
    txtLoginNo.Text="";
    txtLoginPwd.Clear();
    DcboLoginType.SelectedIndex=-1;
}
```

（4）双击"刷新"按钮，进入该按钮的单击事件，如代码 6-27 所示。

代码 6-27   "刷新"按钮的单击事件。

```
private void btnAll_Click(object sender,EventArgs e)
{
    lvManageInfo.Items.Clear();
    //初始化窗体
    MUpdate_Load(sender,e);
}
```

（5）双击"更新"按钮，进入该按钮的单击事件，如代码 6-28 所示，这段代码将更新管理员信息。

代码 6-28   "更新"按钮的单击事件。

```
private void btnUpdata_Click(object sender,EventArgs e)
{
    if (lvManageInfo.SelectedItems.Count==0)
    {
        MessageBox.Show("请选择要更新的用户!","操作提示",MessageBoxButtons.OK,
            MessageBoxIcon.Asterisk);
        return;
    }
    if (txtLoginPwd.Text=="")
    {
        MessageBox.Show("请确认登录密码!","操作提示",MessageBoxButtons.OK,
            MessageBoxIcon.Asterisk);
        return;
    }
    DialogResult result=MessageBox.Show("您确定要更新该用户信息?","操作提示",
    MessageBoxButtons.OKCancel,MessageBoxIcon.Question);
```

161

```
        if (result==DialogResult.OK)
        {
            string sql=String.Format("update DB_ManageInfo set loginPwd='{0}',
                loginType = '{1}' where loginId = {2}", txtLoginPwd.Text,
                DcboLoginType.Text,Convert.ToInt32(dLblLoginId.Text));
        try
        {
            int count=DBHelper.GetDsqlResult(sql);
            if (count==1)
            {
                MessageBox.Show("更新记录成功!","操作提示",MessageBoxButtons.OK,
                MessageBoxIcon.Asterisk);
            }
            else
            {
                MessageBox.Show("更新记录失败!","操作提示",MessageBoxButtons.OK,
                    MessageBoxIcon.Asterisk);
            }
        }
        catch (Exception ex)
        {
            MessageBox.Show(ex.Message);
        }
        finally
        {
            DBHelper.connection.Close();
            if (CboLoginType.Text=="")
            {
                lvManageInfo.Items.Clear();
                //初始化窗体
                MUpdate_Load(sender,e);
            }
            else
            {
                FormRefresh();
            }
        }
    }
}
```

（6）这段代码中调用了 FormRefresh()方法，该方法的作用是重新绑定 ListView，以显示更新过的信息，该方法的程序如代码 6-29 所示。

代码 **6-29** FormRefresh()方法的代码。

```
//刷新窗体
private void FormRefresh()
{
```

```
lvManageInfo.Items.Clear();
string sqlString = String. Format ( " select * from DB _ ManageInfo where
    loginType='{0}'",CboLoginType.Text);
try
{
    dataReader=DBHelper.GetResult(sqlString);
    while (dataReader.Read())
    {
        ListViewItem lviManageInfo=new ListViewItem();
        lviManageInfo.SubItems.Clear();
        lviManageInfo.SubItems[0].Text=dataReader["loginId"].ToString();
        lviManageInfo.SubItems.Add(dataReader["loginNo"].ToString());
        lviManageInfo.SubItems.Add(dataReader["loginPwd"].ToString());
        lviManageInfo.SubItems.Add(dataReader["loginType"].ToString());
        lvManageInfo.Items.Add(lviManageInfo);
    }
dataReader.Close();
}
    catch (Exception ex)
    {
        MessageBox.Show(ex.Message);
    }
    finally
    {
        DBHelper.connection.Close();
        dLblLoginId.Text="";
        txtLoginNo.Text="";
        txtLoginPwd.Clear();
        DcboLoginType.SelectedIndex=-1;
    }
}
```

（7）双击"删除"按钮，进入该按钮的单击事件，如代码 6-30 所示。这段代码的功能是删除信息，并重新显示数据。

代码 6-30　"删除"按钮的单击事件。

```
private void btnDel_Click(object sender,EventArgs e)
{
    if (lvManageInfo.SelectedItems.Count==0)
    {
        MessageBox.Show("请选择要删除的用户记录!","操作提示",MessageBoxButtons.
            OK,MessageBoxIcon.Asterisk);
        return;
    }
    DialogResult result=MessageBox.Show("您确定要删除该用户信息?","操作提示",
        MessageBoxButtons.OKCancel,MessageBoxIcon.Question);
    if (result==DialogResult.OK)
    {
        string sql=String.Format("delete from DB_ManageInfo where loginId=
            {0}",Convert.ToInt32(dLblLoginId.Text));
```

```
try
{
    int count=DBHelper.GetDsqlResult(sql);
    if (count==1)
    {
        MessageBox.Show("删除记录成功!","操作提示",MessageBoxButtons.OK,
            MessageBoxIcon.Asterisk);
    }
    else
    {
        MessageBox.Show ( " 删 除 记 录 失 败, 请 重 新 操 作!"," 操 作 提 示 ",
            MessageBoxButtons.OK,MessageBoxIcon.Asterisk);
    }
}
catch (Exception ex)
{
    MessageBox.Show(ex.Message);
}
finally
{
    DBHelper.connection.Close();
    if (CboLoginType.Text=="")
    {
        lvManageInfo.Items.Clear();
        //初始化窗体
        MUpdate_Load(sender,e);
    }
    else
    {
        FormRefresh();
    }
}
}
}
```

6.2.5　设计客房楼信息管理界面 BuildInfo.cs

"客房楼信息管理"的设计界面如图 6-22 所示,该界面的功能是对客房楼信息进行管理,包括查询、刷新、添加记录和更新记录。客房楼信息包括编号、地理区域、客房楼号和描述。

1. 设计界面

（1）"选择查询条件"选项组部分的设计步骤为：首先添加 1 个 GroupBox 控件,用于显示"选择查询条件"选项组。然后添加 1 个 Label 控件,用于显示"地理区域"标签。再添加 1 个 ComboBox 控件,用于显示"地理区域"的内容。最后添加 2 个 Button 控件,分别用作"查询"和"刷新"按钮。这些控件属性的设置如表 6-8 所示。

图 6-22　"客房楼信息管理"的设计界面

表 6-8　控件属性的设置

控件类型	控件名称	属性名称	属 性 值
GroupBox	GroupBox1	Text	选择查询条件
		Anchor	Top、Left、Right
ComboBox	dCboBuildArea	DropDownStyle	DropDownList
Button	btnSearch	Text	查询
	btnAll	Text	刷新

（2）"显示客房楼信息"部分的设计步骤为：首先添加 1 个 Panel 控件。然后添加 1 个显示数据的 ListView 控件，放置在 Panel 控件上。单击 ListView 控件属性右上角的智能标签，将"视图"选项设置为 Details，并单击"编辑列"选项，如图 6-23 所示，对 ListView 控件进行编辑。设置列的属性如表 6-9 所示，列的属性编辑界面如图 6-24 所示。

表 6-9　"编辑列"的属性设置

列　名	属性名	属性值	列　名	属性名	属性值
floorNum	Text	编号	floorId	Text	客房楼号
floorArea	Text	地理区域	floorMsg	Text	描述

图 6-23　ListView 控件设置界面

图 6-24　列的属性编辑界面

（3）添加"更新记录"部分的设计步骤为：首先添加 1 个 tabControl 控件，编辑该控件的 tabPage1 属性如图 6-25 所示。

在"添加记录"选项卡中，添加 3 个 Label 控件。然后依次添加 1 个 ComboBox 控件、1 个 TextBox 控件、1 个 ComboBox 控件，分别用于"地理区域""客房楼号"和"描述"内容

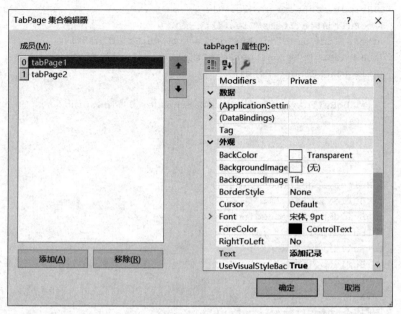

图 6-25 编辑 tabControl 控件的 tabPage1 属性

的显示。最后添加 1 个 Button 控件,用作"添加"按钮。

在"更新记录"选项卡中,添加 4 个 Label 控件,然后添加 3 个 TextBox 控件、1 个 ComboBox 控件,分别用于"编号""地理区域""客房楼号"和"描述"内容的显示。最后添加 2 个 Button 控件,分别用作"更新"和"删除"按钮。

2. 编写代码

(1) 编写窗体的 Form_Load 事件 BuildInfo_Load,程序如代码 6-31 所示。

代码 6-31 窗体的 Form_Load 事件 BuildInfo_Load。

```
private void BuildInfo_Load(object sender,EventArgs e)
{
    string sql="select * from DB_BuildInfo order by buildId";
    try
    {
        SqlDataReader dataReader=DBHelper.GetResult(sql);
        while (dataReader.Read())
        {
            ListViewItem lvi=new ListViewItem();
            lvi.SubItems.Clear();
            lvi.SubItems[0].Text=dataReader["buildId"].ToString();
            lvi.SubItems.Add(dataReader["buildArea"].ToString());
            lvi.SubItems.Add(dataReader["buildNo"].ToString());
            lvi.SubItems.Add(dataReader["buildMsg"].ToString());
            lvFloorInfo.Items.Add(lvi);
        }
        dataReader.Close();
```

```
        DBHelper.connection.Close();
        dCboBuildArea.Items.Clear();
        sql="select distinct buildArea from DB_BuildInfo";
        dataReader=DBHelper.GetResult(sql);
        while (dataReader.Read())
        {
            dCboBuildArea.Items.Add(dataReader[0].ToString());
        }
    }
    finally
    {
        DBHelper.connection.Close();
        txtBuildNo.Clear();
        cboBuildMsg.SelectedIndex=-1;
        lblBuildId.Text="";
        lblBuildArea.Text="";
        lblBuildNo.Text="";
        dCboBuildMsg.SelectedIndex=-1;
    }
    if (lvFloorInfo.Items.Count==0)
    {
        dCboBuildArea.Enabled=false;
    }
    else
    {
        dCboBuildArea.Enabled=true;
    }
}
```

（2）双击"查询"按钮，进入该按钮的单击事件，编写程序如代码 6-32 所示。

代码 6-32　"查询"按钮的单击事件。

```
private void btnSearch_Click(object sender,EventArgs e)
{
    if (dCboBuildArea.Text=="")
    {
        MessageBox. Show ( " 请 选 择 所 要 查 询 的 地 理 区 域 !"," 操 作 提 示 ",
            MessageBoxButtons.OK,MessageBoxIcon.Asterisk);
    }
    else
    {
        string sql=String.Format("select * from DB_BuildInfo where buildArea=
            '{0}'",dCboBuildArea.Text);
        try
        {
            SqlCommand command=new SqlCommand(sql,DBHelper.connection);
            DBHelper.connection.Open();
            //执行查询
            SqlDataReader dataReader=command.ExecuteReader();
            if (!dataReader.Read())
```

```
        {
            MessageBox.Show("查无此区域记录!","操作提示",MessageBoxButtons.
                OK,MessageBoxIcon.Asterisk);
        }
        else
        {
            dataReader.Close();
            sql=String.Format("select * from DB_BuildInfo where buildArea=
                '{0}'",dCboBuildArea.Text);
            //重新指定 SQL 命令
            command.CommandText=sql;
            dataReader=command.ExecuteReader();
            lvFloorInfo.Items.Clear();
            while (dataReader.Read())
            {
                ListViewItem lvi=new ListViewItem();
                lvi.SubItems.Clear();
                lvi.SubItems[0].Text=dataReader["buildId"].ToString();
                lvi.SubItems.Add(dataReader["buildArea"].ToString());
                lvi.SubItems.Add(dataReader["buildNo"].ToString());
                lvi.SubItems.Add(dataReader["buildMsg"].ToString());
                lvFloorInfo.Items.Add(lvi);
            }
        }
        dataReader.Close();
    }
    catch (Exception ex)
    {
        MessageBox.Show(ex.Message);
    }
    finally
    {
        DBHelper.connection.Close();
    }
}
}
```

（3）双击"刷新"按钮，进入该按钮的单击事件，编写程序如代码 6-33 所示。

代码 6-33　"刷新"按钮的单击事件。

```
private void btnAll_Click(object sender,EventArgs e)
{
    lvFloorInfo.Items.Clear();
    BuildInfo_Load(sender,e);
}
```

（4）编写 ListView 控件的 ItemSelectionChanged 事件，程序如代码 6-34 所示。

代码 6-34　ListView 控件的 ItemSelectionChanged 事件。

```
private void lvFloorInfo_ItemSelectionChanged(object sender,
```

```
            ListViewItemSelectionChangedEventArgs e)
{
    //避免重复执行事件
    if (e.IsSelected)
    {
        lblBuildId.Text=e.Item.SubItems[0].Text;
        lblBuildArea.Text=e.Item.SubItems[1].Text;
        lblBuildNo.Text=e.Item.SubItems[2].Text;
        dCboBuildMsg.Text=e.Item.SubItems[3].Text;
    }
}
```

（5）在"添加记录"选项卡中双击"添加"按钮，进入该按钮的单击事件，编写程序如代码 6-35 所示。

代码 6-35 "添加"按钮的单击事件。

```
private void btnAdd_Click(object sender,EventArgs e)
{
    if (IsValidataInput())
    {
        string sql=String.Format("select count(*) from DB_BuildInfo where
            buildArea='{0}' and buildNo={1}",cboBuildArea.Text,Convert.
            ToInt32(txtBuildNo.Text.Trim()));
        try
        {
            int count=DBHelper.GetSqlResult(sql);
            if (count==1)
            {
                MessageBox.Show("该楼号已经存在,请另外选择!","操作提示",
                    MessageBoxButtons.OK,MessageBoxIcon.Information);
            }
            else
            {
                sql=String.Format(@"insert into DB_BuildInfo(buildArea,
                    buildNo,buildMsg) values('{0}',{1},'{2}')",cboBuildArea.
                    Text, Convert.ToInt32(txtBuildNo.Text.Trim()),
                    cboBuildMsg.Text);
                int result=DBHelper.GetDsqlResult(sql);
                if (result==1)
                {
                    MessageBox.Show("添加记录成功!","操作提示",MessageBoxButtons.OK,
                        MessageBoxIcon.Asterisk);
                }
                else
                {
                    MessageBox.Show("添加记录失败!","操作提示",MessageBoxButtons.OK,
                        MessageBoxIcon.Asterisk);
                }
            }
```

```
        }
        catch (Exception ex)
        {
            MessageBox.Show(ex.Message);
        }
        finally
        {
            DBHelper.connection.Close();
            if (dCboBuildArea.Text=="")
            {
                lvFloorInfo.Items.Clear();
                btnAll.PerformClick();
            }
            else
            {
                FormRefresh();
            }
        }
    }
}
```

（6）这段代码中调用了确定是否是有效输入的 IsValidataInput()方法，这段代码的作用是判断将要添加的记录是否符合要求，编写该方法的程序如代码 6-36 所示。

代码 6-36 IsValidataInput()方法。

```
#region 确定是否是有效输入
private bool IsValidataInput()
{
    if (cboBuildArea.Text=="")
    {
        MessageBox.Show("请确定学生宿舍地理区域!","操作提示",MessageBoxButtons.
            OK,MessageBoxIcon.Information);
        cboBuildArea.Focus();
        return false;
    }
    else if (txtBuildNo.Text.Trim()=="")
    {
        MessageBox.Show("请输入学生宿舍楼号!","操作提示",MessageBoxButtons.OK,
            MessageBoxIcon.Information);
        txtBuildNo.Focus();
        return false;
    }
    else if (cboBuildMsg.Text=="")
    {
        MessageBox.Show("请确定学生宿舍楼属性!","操作提示",MessageBoxButtons.
            OK,MessageBoxIcon.Information);
        cboBuildMsg.Focus();
        return false;
    }
```

```
    return true;
    }
    #endregion
```

（7）在"更新记录"选项卡中双击"更新"按钮，进入该按钮的单击事件，编写程序如代码 6-37 所示。

代码 6-37 "更新"按钮的单击事件。

```
private void btnRefresh_Click(object sender,EventArgs e)
{
    if (lvFloorInfo.SelectedItems.Count==0)
    {
        MessageBox.Show("请选择要更新的记录!","操作提示",MessageBoxButtons.OK,
            MessageBoxIcon.Asterisk);
        return;
    }
    DialogResult result=MessageBox.Show("您确定要更新该条记录?","操作提示",
        MessageBoxButtons.OKCancel,MessageBoxIcon.Question);
    if (result==DialogResult.OK)
    {
        string sql=String.Format("update DB_BuildInfo set buildMsg='{0}' where
            buildId = {1}", dCboBuildMsg. Text, Convert. ToInt32 (lblBuildId.
            Text));
        try
        {
            int count=DBHelper.GetDsqlResult(sql);
            if (count==1)
            {
                MessageBox.Show("更新记录成功!","操作提示",MessageBoxButtons.
                    OK,MessageBoxIcon.Asterisk);
            }
            else
            {
                MessageBox.Show("更新记录失败!","操作提示",MessageBoxButtons.
                    OK,MessageBoxIcon.Asterisk);
            }
        catch (Exception ex)
        {
            MessageBox.Show(ex.Message);
        }
        finally
        {
            DBHelper.connection.Close();
            if (dCboBuildArea.Text=="")
            {
                lvFloorInfo.Items.Clear();
                //初始化窗体
                BuildInfo_Load(sender,e);
            }
```

```
            else
            {
                FormRefresh();
            }
        }
    }
}
```

（8）这段代码中调用了 FormRefresh()方法，用于刷新窗体，编写该方法的程序如代码 6-38 所示。

代码 6-38　FormRefresh()方法。

```
//刷新窗体
private void FormRefresh()
{
    lvFloorInfo.Items.Clear();
    string sqlString=String.Format("select * from DB_BuildInfo where buildArea
        ='{0}'",dCboBuildArea.Text);
    try
    {
        SqlDataReader dataReader=DBHelper.GetResult(sqlString);
        while (dataReader.Read())
        {
            ListViewItem lvi=new ListViewItem();
            lvi.SubItems.Clear();
            lvi.SubItems[0].Text=dataReader["buildId"].ToString();
            lvi.SubItems.Add(dataReader["buildArea"].ToString());
            lvi.SubItems.Add(dataReader["buildNo"].ToString());
            lvi.SubItems.Add(dataReader["buildMsg"].ToString());
            lvFloorInfo.Items.Add(lvi);
        }
    dataReader.Close();
    }
    finally
    {
        DBHelper.connection.Close();
        cboBuildArea.SelectedIndex=-1;
        txtBuildNo.Clear();
        cboBuildMsg.SelectedIndex=-1;
        lblBuildId.Text="";
        lblBuildArea.Text="";
        lblBuildNo.Text="";
        dCboBuildMsg.SelectedIndex=-1;
    }
}
```

（9）双击"删除"按钮，进入该按钮的单击事件，编写程序如代码 6-39 所示。

代码 **6-39** "删除"按钮的单击事件。

```
private void btnDel_Click(object sender,EventArgs e)
{
    if (lvFloorInfo.SelectedItems.Count==0)
    {
        MessageBox.Show("请选择所要删除的记录!","操作提示",MessageBoxButtons.
            OK,MessageBoxIcon.Asterisk);
        return;
    }
    DialogResult result=MessageBox.Show("您确定要删除该条记录?","操作提示",
        MessageBoxButtons.OKCancel,MessageBoxIcon.Question);
    if (result==DialogResult.OK)
    {
        string sql=String.Format("delete from DB_BuildInfo where buildId={0}",
            Convert.ToInt32(lblBuildId.Text));
        try
        {
            SqlCommand command=new SqlCommand(sql,DBHelper.connection);
            DBHelper.connection.Open();
            int count=command.ExecuteNonQuery();
            if (count==1)
            {
                MessageBox.Show("删除记录成功!","操作提示",MessageBoxButtons.
                    OK,MessageBoxIcon.Asterisk);
            }
            else
            {
                MessageBox.Show("删除记录失败!","操作提示",MessageBoxButtons.
                    OK,MessageBoxIcon.Asterisk);
            }
        }
        catch(Exception ex)
        {
            MessageBox.Show(ex.Message);
        }
        finally
        {
            DBHelper.connection.Close();
            if(dCboBuildArea.Text=="")
            {
                lvFloorInfo.Items.Clear();
                //初始化窗体
                BuildInfo_Load(sender,e);
            }
            else
            {
                FormRefresh();
            }
```

```
        }
      }
    }
```

6.2.6 设计客房信息管理界面 DormInfo.cs

"客房信息管理"的设计界面如图 6-26 所示,该界面的功能是对客房信息进行查询、修改、录入、更新和删除操作。客房信息包括编号、地理区域、客房楼号、客房号、床位数和备注。

图 6-26 "客房信息管理"的设计界面

1. 设计界面

"客房信息管理"的界面由 3 部分组成,分别是查询部分、信息显示部分和信息录入及更新部分。查询部分由 1 个 GroupBox 控件布局,信息显示部分由 1 个 Panel 控件布局,信息录入及更新部分由 1 个 tabControl 控件布局。

(1) "选择查询条件"部分的设计步骤为:首先添加 1 个 GroupBox 控件,然后依次添加 2 个 Label 控件、2 个 ComboBox 控件、2 个 Button 控件,这些控件的属性设置如表 6-10 所示。

175

表 6-10　控件属性的设置

控件类型	控件名	属性名	属性值
GroupBox	GroupBox1	Text	选择查询条件
Label	Label1	Text	地理区域
	Label2	Text	客房楼号
ComboBox	dCboBuildArea	DroDownStyle	DropDownList
	dCboBuildNo	DroDownStyle	DropDownList
Button	btnQuery	Text	查询
	btnRefresh	Text	刷新

（2）显示客房信息部分的设计步骤为：首先添加 1 个 Panel 控件，用于布局 ListView 控件的显示效果。再添加 1 个 ListView 控件，单击 ListView 控件右上角的智能标签，如图 6-27 所示，将"视图"选项设置为 Details，并单击"编辑列"选项，对 ListView 控件进行编辑。设置列的属性如表 6-11 所示，列的属性编辑界面如图 6-28 所示。

图 6-27　ListView 控件设置界面

表 6-11　列的属性设置

列　名	属性名	属性值	列　名	属性名	属性值
dormId	Text	编号	dormNo	Text	客房号
buildArea	Text	地理区域	bedNum	Text	床位数
buildNo	Text	客房楼号	dormElse	Text	备注

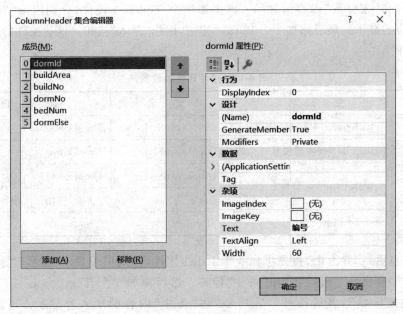

图 6-28 列的属性编辑界面

（3）"录入和更新客房信息"部分的设计步骤为：首先添加 1 个 tabControl 控件，用于布局"录入"和"更新"功能。编辑 tabControl 控件的选项卡，分别添加"信息录入"和"信息更新"选项卡，如图 6-29 所示。

图 6-29 编辑 tabControl 控件的选项卡

在"信息录入"界面中，首先添加 5 个 Label 标签，分别用于显示"地理区域""客房楼号""客房号""床位数"和"备注"。然后添加 3 个 ComboBox 控件，分别用于"地理区域"

"客房楼号"和"床位数"内容的显示。再添加 2 个 TextBox 控件，分别用于"客房号"和"备注"内容的显示。最后添加 1 个 Button 按钮，用作"录入"按钮。这些控件的属性设置如表 6-12 所示。

表 6-12　控件属性的设置

控件类型	控 件 名	属 性 名	属 性 值
ComboBox	cboBuildArea（地理区域）	DropDownStyle	DropDownList
	cboBuildNo（客房楼号）	DropDownStyle	DropDownList
	cboBedNum（床位数）	DropDownStyle	DropDownList
		Items	4 6 8 12（用回车换行符分开）
TextBox	txtDormElse（备注）	MultiLine	True

在"信息更新"界面中，首先添加 6 个 Label 控件，分别用于显示"编号""地理区域""客房楼号""客房号""床位数"和"备注"标签。然后添加 5 个 TextBox 控件，分别用于"编号""地理区域""客房楼号""客房号"和"备注"内容的录入及显示。再添加 1 个 ComboBox 控件，用于"床位数"内容的录入及显示。最后添加 2 个 Button 按钮，分别用作"更新"和"删除"按钮。

2. 编写代码

（1）编写窗体的 Form_Load 事件 DormInfo_Load，程序如代码 6-40 所示。

代码 6-40　窗体的 Form_Load 事件 DormInfo_Load。

```
private void DormInfo_Load(object sender,EventArgs e)
{
    cboBuildNo.Enabled=false;
    dCboBuildNo.Enabled=false;
    //初始化各个控件
    cboBuildArea.Items.Clear();
    dCboBuildArea.Items.Clear();
    txtDormNo.Clear();
    cboBedNum.SelectedIndex=-1;
    txtDormElse.Clear();
    string sql="select * from DB_DormInfo";
    try
    {
        SqlCommand command=new SqlCommand(sql,DBHelper.connection);
        DBHelper.connection.Open();
        dataReader=command.ExecuteReader();
        while (dataReader.Read())
        {
            ListViewItem lviDormInfo=new ListViewItem();
            lviDormInfo.SubItems.Clear();
            lviDormInfo.SubItems[0].Text=dataReader["dormId"].ToString();
            lviDormInfo.SubItems.Add(dataReader["buildArea"].ToString());
            lviDormInfo.SubItems.Add(dataReader["buildNo"].ToString());
```

```
            lviDormInfo.SubItems.Add(dataReader["dormNo"].ToString());
            lviDormInfo.SubItems.Add(dataReader["bedNum"].ToString());
            lviDormInfo.SubItems.Add(dataReader["dormElse"].ToString());
            lvDormInfo.Items.Add(lviDormInfo);
        }
        dataReader.Close();
        sql="select distinct buildArea from DB_BuildInfo";
        command.CommandText=sql;
        dataReader=command.ExecuteReader();
        while (dataReader.Read())
        {
            cboBuildArea.Items.Add(dataReader["buildArea"].ToString());
            dCboBuildArea.Items.Add(dataReader["buildArea"].ToString());
        }
    dataReader.Close();
    }
    catch (Exception ex)
    {
        MessageBox.Show(ex.Message);
    }
    finally
    {
        DBHelper.connection.Close();
    }
}
```

（2）双击"查询"按钮，进入该按钮的单击事件，编写程序如代码 6-41 所示。

代码 6-41 "查询"按钮的单击事件。

```
private void btnQuery_Click(object sender,EventArgs e)
{
    if (IsSearchConditions())
    {
        lvDormInfo.Items.Clear();
        string sql=String.Format("select * from DB_DormInfo where buildArea='
            {0}' and buildNo = {1}", dCboBuildArea. Text, Convert. ToInt32
            (dCboBuildNo.Text));
        //测试数据库连接
        try
        {
            SqlCommand command=new SqlCommand(sql,DBHelper.connection);
            //打开数据库连接
            DBHelper.connection.Open();
            dataReader=command.ExecuteReader();
            while (dataReader.Read())
            {
                ListViewItem lviDormInfo=new ListViewItem();
                lviDormInfo.SubItems.Clear();
                lviDormInfo.SubItems[0].Text=dataReader["dormId"].ToString();
                lviDormInfo.SubItems.Add(dataReader["buildArea"].ToString());
                lviDormInfo.SubItems.Add(dataReader["buildNo"].ToString());
                lviDormInfo.SubItems.Add(dataReader["dormNo"].ToString());
                lviDormInfo.SubItems.Add(dataReader["bedNum"].ToString());
```

179

```
                lviDormInfo.SubItems.Add(dataReader["dormElse"].ToString());
                lvDormInfo.Items.Add(lviDormInfo);
            }
        dataReader.Close();
        }
        catch (Exception ex)
        {
            MessageBox.Show(ex.Message);
        }
        finally
        {
            DBHelper.connection.Close();
        }
    }
}
```

（3）在代码 6-41 中，调用了用于判断查询条件是否是合法的 IsSearchConditions（）方法，编写该方法的程序如代码 6-42 所示。

代码 6-42 IsSearchConditions（）方法。

```
//验证是否是有效查询条件
private bool IsSearchConditions()
{
    if (dCboBuildArea.Text=="")
    {
        MessageBox.Show("请选择查询的地理区域!","操作提示",MessageBoxButtons.
            OK,MessageBoxIcon.Asterisk);
        return false;
    }
    else if (dCboBuildNo.Text=="")
    {
        MessageBox.Show("请选择查询的客房楼号!","操作提示",MessageBoxButtons.
            OK,MessageBoxIcon.Asterisk);
        return false;
    }
    return true;
}
```

（4）编写显示"地理区域"ComboBox 控件的 SelectedIndexChanged 事件的程序如代码 6-43 所示。

代码 6-43 "地理区域"的 ComboBox 控件的 SelectedIndexChanged 事件。

```
private void dCboBuildArea_SelectedIndexChanged(object sender,EventArgs e)
{
    dCboBuildNo.Items.Clear();
        string sql=String.Format("select buildNo from DB_BuildInfo where
        buildArea='{0}'order by buildNo",dCboBuildArea.Text);
    try
    {
    SqlCommand command=new SqlCommand(sql,DBHelper.connection);
    DBHelper.connection.Open();
    dataReader=command.ExecuteReader();
```

```
        while (dataReader.Read())
        {
            dCboBuildNo.Items.Add(dataReader["buildNo"].ToString());
        }
        dataReader.Close();
        dCboBuildNo.Enabled=true;
    }
    catch (Exception ex)
    {
        MessageBox.Show(ex.Message);
    }
    finally
    {
        DBHelper.connection.Close();
    }
}
```

（5）双击"刷新"按钮，进入该按钮的单击事件，编写程序如代码 6-44 所示。

代码 6-44 "刷新"按钮的单击事件。

```
private void btnRefresh_Click(object sender,EventArgs e)
{
    lvDormInfo.Items.Clear();
    //初始化窗体
    DormInfo_Load(sender,e);
}
```

（6）编写 ListView 控件的 ItemSelectionChanged 事件的程序如代码 6-45 所示。

代码 6-45 ListView 控件的 ItemSelectionChanged 事件。

```
private void lvDormInfo_ItemSelectionChanged(object sender,
    ListViewItemSelectionChangedEventArgs e)
{
    if (e.IsSelected)
    {
        uLblDormId.Text=e.Item.SubItems[0].Text;
        uLblBuildArea.Text=e.Item.SubItems[1].Text;
        uLblBuildNo.Text=e.Item.SubItems[2].Text;
        uLblDormNo.Text=e.Item.SubItems[3].Text;
        uCboBedNum.Text=e.Item.SubItems[4].Text;
        dTxtDormElse.Text=e.Item.SubItems[5].Text;
    }
}
```

（7）在"信息录入"选项卡中，双击"录入"按钮，进入该按钮的单击事件，编写程序如代码 6-46 所示。

代码 6-46 "录入"按钮的单击事件。

```
private void btnEnter_Click(object sender,EventArgs e)
{
    bool isValidata=false;
    string message="";
```

```
if (IsValidataInput())
{
    isValidata=IsValidata(cboBuildArea.Text,Convert.ToInt32(cboBuildNo.
        Text),Convert.ToInt32(txtDormNo.Text),ref message);
    if (isValidata)
    {
        string sql= String. Format (@"insert into DB_DormInfo (buildArea,
            buildNo,dormNo,bedNum,dormElse) values('{0}',{1},{2},{3},'{4}
            ')", cboBuildArea. Text, Convert. ToInt32 (cboBuildNo. Text),
            Convert. ToInt32 (txtDormNo. Text. Trim ( )), Convert. ToInt32
            (cboBedNum.Text),txtDormElse.Text.Trim());
        try
        {
            SqlCommand command=new SqlCommand(sql,DBHelper.connection);
            DBHelper.connection.Open();
            int result=command.ExecuteNonQuery();
            if (result==1)
            {
                MessageBox. Show ( " 录 入 信 息 成 功!"," 操 作 提 示 ",
                    MessageBoxButtons.OK,MessageBoxIcon.Asterisk);
            }
            else
            {
                MessageBox. Show ( " 录 入 信 息 失 败!"," 操 作 提 示 ",
                    MessageBoxButtons.OK,MessageBoxIcon.Asterisk);
            }
        }
        catch (Exception ex)
        {
            MessageBox.Show(ex.Message);
        }
        finally
        {
            DBHelper.connection.Close();
            if (dCboBuildArea.Text==cboBuildArea.Text)
            {
                FormRefresh();
            }
            else
            {
                btnRefresh.PerformClick();
            }
            txtDormNo.Clear();
            txtDormElse.Clear();
        }
    }
    else
    {
        MessageBox. Show ( message," 操 作 提 示 ", MessageBoxButtons. OK,
```

```
        MessageBoxIcon.Asterisk);
        }
    }
}
```

（8）双击"信息更新"选项卡中的"更新"按钮，进入该按钮的单击事件，编写程序如代码 6-47 所示。

代码 6-47   "更新"按钮的单击事件。

```
private void btnUpdate_Click(object sender,EventArgs e)
{
    if (lvDormInfo.SelectedItems.Count==0)
    {
        MessageBox.Show("请选择要更新的数据记录!","操作提示",MessageBoxButtons.
            OK,MessageBoxIcon.Asterisk);
        return;
    }
    else if (uCboBedNum.Text=="")
    {
        MessageBox.Show("请确定该客房号的床位数!","操作提示",MessageBoxButtons.
            OK,MessageBoxIcon.Asterisk);
        return;
    }
    DialogResult result=MessageBox.Show("您确定要更新该条数据记录吗?","操作提
        示",MessageBoxButtons.OKCancel,MessageBoxIcon.Asterisk);
    if (result==DialogResult.OK)
    {
        string sql=String.Format(@"update DB_DormInfo set bedNum={0},dormElse
            ='{1}' where dormId={2}", Convert.ToInt32(uCboBedNum.Text),
            dTxtDormElse.Text,Convert.ToInt32(uLblDormId.Text));
        try
        {
            SqlCommand command=new SqlCommand(sql,DBHelper.connection);
            DBHelper.connection.Open();
            int count=(int)command.ExecuteNonQuery();
            uLblDormId.Text="";
            uLblBuildArea.Text="";
            uLblBuildNo.Text="";
            uLblDormNo.Text="";
            uCboBedNum.SelectedIndex=-1;
            dTxtDormElse.Clear();
            if (count==1)
            {
                MessageBox.Show("更新记录成功!","操作提示",MessageBoxButtons.
                    OK,MessageBoxIcon.Asterisk);
            }
            else
            {
                MessageBox.Show("更新记录失败,请重新操作!","操作提示",
```

```
                MessageBoxButtons.OK,MessageBoxIcon.Asterisk);
        }
    }
    catch (Exception ex)
    {
        MessageBox.Show(ex.Message);
    }
    finally
    {
        DBHelper.connection.Close();
        //刷新窗体
        if (dCboBuildArea.Text==cboBuildArea.Text)
        {
            FormRefresh();
        }
        else
        {
            btnRefresh.PerformClick();
        }
    }
}
```

（9）双击"信息更新"选项卡中的"删除"按钮，进入该按钮的单击事件，编写程序如代
码 6-48 所示。

代码 6-48 "删除"按钮的单击事件。

```
private void btnDel_Click(object sender,EventArgs e)
{
    if (lvDormInfo.SelectedItems.Count==0)
    {
    MessageBox.Show("请选择要删除的记录!","操作提示",MessageBoxButtons.OK,
        MessageBoxIcon.Asterisk);
    return;
    }
    else
    {
    DialogResult result=MessageBox.Show("您确定要删除该条记录吗?","操作提
        示",MessageBoxButtons.OKCancel,MessageBoxIcon.Question);
    if (result==DialogResult.OK)
    {
        string sql=String.Format("delete from DB_DormInfo where dormId=
            {0}",Convert.ToInt32(uLblDormId.Text));
        try
        {
        SqlCommand command=new SqlCommand(sql,DBHelper.connection);
        DBHelper.connection.Open();
        int count=(int)command.ExecuteNonQuery();
        uLblDormId.Text="";
```

184

```
uLblBuildArea.Text="";
uLblBuildNo.Text="";
uLblDormNo.Text="";
uCboBedNum.SelectedIndex=-1;
dTxtDormElse.Clear();
if (count==1)
{
    MessageBox. Show ( " 删 除 记 录 成 功!"," 操 作 提 示 ",
        MessageBoxButtons.OK,MessageBoxIcon.Asterisk);
}
else
{
    MessageBox.Show ("删除记录失败,请重新操作!","操作提示",
        MessageBoxButtons.OK,MessageBoxIcon.Asterisk);
}
}
catch (Exception ex)
{
    MessageBox.Show(ex.Message);
}
finally
{
    DBHelper.connection.Close();
    if (dCboBuildArea.Text !="")
    {
        FormRefresh();
    }
    else
    {
        btnRefresh.PerformClick();
    }
}
}
}
}
```

（10）编写 tabControl 控 件 的 SelectedIndexChanged 事 件 tabControl1 _ SelectedIndex-Changed 的程序如代码 6-49 所示。

代码 6-49　选项卡的 SelectedIndexChanged 事件。

```
private void tabControl1_SelectedIndexChanged(object sender,EventArgs e)
{
    uLblDormId.Text="";
    uLblBuildArea.Text="";
    uLblBuildNo.Text="";
    uLblDormNo.Text="";
    uCboBedNum.SelectedIndex=-1;
    dTxtDormElse.Clear();
}
```

6.2.7 设计客户信息录入界面 StuInfoRegister.cs

"客户基本信息录入"的设计界面如图 6-30 所示,该界面的功能是将客户信息录入数据库中,客户信息包括编号、姓名、性别、入住时间、联系方式、电话和备注。

1. 设计界面

"客户基本信息录入"界面的设计步骤为:首先添加 1 个 GroupBox 控件,将该控件的 Text 属性设置为"客户基本信息"。然后添加 7 个 Label 控件,分别用于显示标签"编号""姓名""性别""入住时间""联系方式""电话"和"备注"。依次对应地添加 4 个 TexBox 控件、1 个 ComboBox 控件、1 个 DateTimepicker(日期时间)控件和 1 个 ListBox 控件。最后添加 2 个 Button 控件,分别用作"确定"和"关闭"按钮。

图 6-30 "客户基本信息录入"的设计界面

2. 编写代码

(1) 编写窗体的 Form_Load 事件 StuInfoRegister_Load,编写程序如代码 6-50 所示。

代码 6-50 窗体的 Form_Load 事件 StuInfoRegister_Load。

```
private void StuInfoRegister_Load(object sender,EventArgs e)
{
    cboStuPro.Enabled=false;
    try
    {
        dataReader= DBHelper. GetResult ( "select distinct subDepart from DB_
            SubInfo");
        while (dataReader.Read())
        {
            cboStuDepart.Items.Add(dataReader["subDepart"].ToString());
        }
        dataReader.Close();
    }
    finally
    {
        DBHelper.connection.Close();
    }
}
```

(2) 双击"确定"按钮,将客户信息写入数据库,编写程序如代码 6-51 所示。

代码 6-51 "确定"按钮的单击事件。

```
private void btnEnter_Click(object sender,EventArgs e)
{
    if (IsValidataInput())
    {
        string sql= String.Format(@"insert into DB_StuInfo(stuNo,stuName,
            stuSex,stuTime,stuDepart,stuPro,stuElse) values('{0}','{1}','{2}
            ','{3}','{4}','{5}','{6}')",txtStuNo.Text.Trim(),txtStuName.
            Text.Trim(),cboStuSex.Text,dtpStuTime.Text,cboStuDepart.Text,
            cboStuPro.Text,txtStuElse.Text.Trim());
        try
        {
            int result=DBHelper.GetDsqlResult(sql);
            if (result==1)
            {
                MessageBox.Show("添加记录成功!","操作提示",MessageBoxButtons.
                    OK,MessageBoxIcon.Asterisk);
            }
            else
            {
                MessageBox.Show("添加记录失败!","操作提示",MessageBoxButtons.
                    OK,MessageBoxIcon.Asterisk);
            }
        }
        finally
        {
            DBHelper.connection.Close();
            txtStuNo.Clear();
            txtStuName.Clear();
            txtStuElse.Clear();
        }
    }
}
```

（3）代码 6-51 中调用了 IsValidataInput()方法，该方法的作用是判断用户输入的信息是否合法，编写该方法的程序如代码 6-52 所示。

代码 6-52 IsValidataInput()方法。

```
#region 判断是否是有效输人
private bool IsValidataInput()
{
    if (txtStuNo.Text.Trim()=="")
    {
    MessageBox.Show("请输人该顾客编号!","操作提示",MessageBoxButtons.OK,
        MessageBoxIcon.Information);
    txtStuNo.Focus();
    return false;
    }
```

```
else if (txtStuName.Text.Trim()=="")
{
    MessageBox.Show("请输入该顾客姓名!","操作提示",MessageBoxButtons.OK,
        MessageBoxIcon.Information);
    txtStuName.Focus();
    return false;
}
else if (cboStuSex.Text=="")
{
    MessageBox.Show("请选择该顾客性别!","操作提示",MessageBoxButtons.OK,
        MessageBoxIcon.Information);
    cboStuSex.Focus();
    return false;
}
else if (lianxi.Text=="")
{
    MessageBox.Show("请输入该顾客的联系方式!","操作提示",MessageBoxButtons.
        OK,MessageBoxIcon.Information);
    lianxi.Focus();
    return false;
}
else if (dianhua.Text=="")
{
    MessageBox.Show("请输入该顾客的电话!","操作提示",MessageBoxButtons.OK,
        MessageBoxIcon.Information);
    dianhua.Focus();
    return false;
}
return true;
}
```

（4）双击"关闭"按钮，进入该按钮的单击事件，编写程序如代码 6-53 所示。

代码 6-53 "关闭"按钮的单击事件。

```
private void btnExit_Click(object sender,EventArgs e)
{
    this.Close();
}
```

6.2.8 设计入住信息管理界面 DormRegister.cs

"入住信息管理"的设计界面如图 6-31 所示，该界面的功能是对客户住宿情况进行管理，包括对编号、姓名、性别、联系方式、电话、地理区域、客房楼号、客房号、剩余床位数等信息进行管理。

1. 设计界面

"入住信息管理"界面分为两部分：一部分是显示入住信息；另一部分是入住信息

图 6-31 "入住信息管理"的设计界面

录入。

（1）"显示入住信息"部分的设计步骤为：首先添加 1 个 ListView 控件，单击 ListView 控件右上角的智能标签，将"视图"选项设置为 Details，如图 6-32 所示，再单击 "编辑列"选项。设置列的属性值如表 6-13 所示，列的属性界面如图 6-33 所示。

图 6-32 ListView 控件设置界面

表 6-13　列的属性值

列　名	属性名	属性值	列　名	属性名	属性值
stuNo	Text	编号	stuDepart	Text	联系方式
stuName	Text	姓名	stuPro	Text	电话
stuSex	Text	性别			

图 6-33　列的属性界面编辑

（2）"入住信息录入"部分的设计步骤为：首先添加 1 个 GroupBox 控件，并将该控件的 Text 属性设置为"信息登记"。添加 9 个 Label 控件，分别用于显示标签"编号""姓名""性别""联系方式""电话""地理区域""客房楼号""客房号"和"剩余床位数"。再添加 6 个 TextBox 控件，分别用于显示标签"编号""姓名""性别""联系方式""电话"和"剩余床位数"。最后添加 2 个 Button 控件，分别用作"入住"和"关闭"按钮。

2. 编写代码

（1）编写窗体的 Form_Load 事件 DormRegister_Load，程序如代码 6-54 所示。

代码 6-54　窗体的 Form_Load 事件 DormRegister_Load。

```
private void DormRegister_Load(object sender, EventArgs e)
{
    FormState();
    lvDormRegister.Items.Clear();
    cboBuildArea.Items.Clear();
    //查询还未分配客房的客户基本信息
    string sql = @" select stuNo, stuName, stuSex, stuDepart, stuPro from DB_
        StuInfo where not exists (select * from DB_DormRegister where stuNo=DB_
```

```
    StuInfo.stuNo)";
try
{
    dataReader=DBHelper.GetResult(sql);
    while (dataReader.Read())
    {
        ListViewItem lviDormRegister=new ListViewItem();
        lviDormRegister.SubItems.Clear();
        lviDormRegister.SubItems[0].Text=dataReader["stuNo"].ToString();
        lviDormRegister.SubItems.Add(dataReader["stuName"].ToString());
        lviDormRegister.SubItems.Add(dataReader["stuSex"].ToString());
        lviDormRegister.SubItems.Add(dataReader["stuDepart"].ToString());
        lviDormRegister.SubItems.Add(dataReader["stuPro"].ToString());
        lvDormRegister.Items.Add(lviDormRegister);
    }
    dataReader.Close();
    DBHelper.connection.Close();
    dataReader= DBHelper.GetResult ("select distinct buildArea from DB_
        BuildInfo");
    while (dataReader.Read())
    {
        cboBuildArea.Items.Add(dataReader["buildArea"].ToString());
    }
    dataReader.Close();
}
finally
{
    DBHelper.connection.Close();
}
}
```

（2）代码 6-54 中调用了 FormState() 方法，该方法的作用是对窗体进行初始化，编写该方法的程序如代码 6-55 所示。

代码 6-55 FormState() 方法。

```
//窗体控件初始化
private void FormState()
{
    cboBuildArea.SelectedIndex=-1;
    cboBuildArea.Enabled=false;
    cboDormNo.Enabled=false;
    cboBuildNo.Enabled=false;
    dLblStuNo.Text="";
    dLblStuName.Text="";
    dLblStuSex.Text="";
    dLblstuDepart.Text="";
    dLblStuPro.Text="";
    dLblBenNumLeft.Text="";
}
```

（3）双击"入住"按钮，进入该按钮的单击事件，编写程序如代码 6-56 所示，这段代码的作用是将入住信息写入数据库中。

代码 6-56 "入住"按钮的单击事件。

```
private void btnEnter_Click(object sender,EventArgs e)
{
    if (lvDormRegister.SelectedItems.Count==0)
    {
        MessageBox.Show ("请选择要为其分配客房的客户信息!","操作提示",
            MessageBoxButtons.OK,MessageBoxIcon.Asterisk);
        return;
    }
    else
    {
        if (IsValidataInput())
        {
            DialogResult result=MessageBox.Show("您确定该客户要入住该客房吗?","
                操作提示",MessageBoxButtons.    OKCancel,    MessageBoxIcon.
            Question);
            if (result==DialogResult.OK)
            {
                string sql=String.Format(@"insert into DB_DormRegister(stuNo,
                    buildArea,buildNo,dormNo) values('{0}','{1}',{2},{3})",
                    dLblStuNo. Text, cboBuildArea. Text, Convert. ToInt32
                    (cboBuildNo.Text),Convert.ToInt32(cboDormNo.Text));
                try
                {
                    int count=DBHelper.GetDsqlResult(sql);
                    if (count==1)
                    {
                        MessageBox.Show ("该客户信息登记成功!","操作提示",
                            MessageBoxButtons.OK,MessageBoxIcon.Asterisk);
                    }
                    else
                    {
                        MessageBox.Show("该客户信息登记失败,请重新操作!","操作提
                            示 ", MessageBoxButtons. OK, MessageBoxIcon.
                            Asterisk);
                    }
                }
                catch (Exception ex)
                {
                    MessageBox.Show(ex.Message);
                }
                finally
                {
                    DBHelper.connection.Close();
                    DormRegister_Load(sender,e);
                }
            }
        }
    }
}
```

（4）代码 6-56 中调用了 IsValidataInput()方法，该方法的作用是判断输入的信息是否合法，编写 IsValidataInput()方法，如代码 6-57 所示。

代码 6-57　IsValidataInput()方法。

```
#region 判断是否是有效输入
private bool IsValidataInput()
{
    if (cboBuildArea.Text=="")
    {
        MessageBox.Show("请选择地理区域!","操作提示",MessageBoxButtons.OK,
            MessageBoxIcon.Asterisk);
        return false;
    }
    else if (cboBuildNo.Text=="")
    {
        MessageBox.Show("请选择客房楼号!","操作提示",MessageBoxButtons.OK,
            MessageBoxIcon.Asterisk);
        return false;
    }
    else if (cboDormNo.Text=="")
    {
        MessageBox.Show ("请选择客房号!","操作提示",MessageBoxButtons.OK,
            MessageBoxIcon.Asterisk);
        return false;
    }
    return true;
}
#endregion
```

（5）双击"关闭"按钮，进入该按钮的单击事件，编写程序如代码 6-58 所示。

代码 6-58　"关闭"按钮的单击事件。

```
private void btn Close _ Click ( object
    sender,EventArgs e)
{
    this.Close();
}
```

6.2.9　设计报修信息登记功能界面 RepairRecord.cs

"报修信息登记"的设计界面如图 6-34 所示，该界面的功能是输入报修信息，将报修信息提交到数据库。报修信息包括地理区域、客房楼号、客房号、登记时间、报修信息。

图 6-34　"报修信息登记"的设计界面

193

1. 设计界面

"报修信息登记"界面的设计步骤为：首先添加 1 个 GroupBox 控件，将该控件的 Text 属性设置为"报修信息登记"。添加 5 个 Label 控件，分别用于显示标签"地理区域" "客房楼号""客房号""登记时间"和"报修信息"。然后添加 3 个 ComboBox 控件，分别用于"地理区域""客房楼号"和"客房号"内容的显示。再添加 1 个 DateTimePicker 控件，用于"登记时间"内容的显示。然后添加 1 个 TextBox 控件，用于"报修信息"内容的显示，并将该控件的 MultiLine 属性设置为 true。最后添加 2 个 Button 控件，分别用作"登记"和"关闭"按钮。

2. 编写代码

（1）编写窗体的 Form_Load 事件 DormRepair_Load 的程序如代码 6-59 所示。

代码 6-59　窗体的 Form_Load 事件 DormRepair_Load。

```
private void DormRepair_Load(object sender,EventArgs e)
{
    cboBuildNo.Enabled=false;
    cboDormNo.Enabled=false;
    cboBuildArea.Items.Clear();
    cboBuildArea.SelectedIndex=-1;
    txtDormJob.Text="";
    string query="select distinct buildArea from DB_BuildInfo";
    try
    {
        SqlCommand command=new SqlCommand(query,DBHelper.connection);
        DBHelper.connection.Open();
        dataReader=command.ExecuteReader();
        while (dataReader.Read())
        {
            cboBuildArea.Items.Add(dataReader["buildArea"].ToString());
        }
        dataReader.Close();
    }
    catch (Exception ex)
    {
        MessageBox.Show(ex.Message);
    }
    finally
    {
        DBHelper.connection.Close();
    }
}
```

（2）编写显示"地理区域"的 ComboBox 控件的 SelectedIndexChanged 事件，当"地理区域"选项改变时，将触发该事件，程序如代码 6-60 所示。

代码 6-60　编写显示"地理区域"的 ComboBox 控件的 SelectedIndexChanged 事件。

```
private void cboBuildArea_SelectedIndexChanged(object sender,EventArgs e)
{
    cboBuildNo.Items.Clear();
    string sql = String. Format ( " select buildNo from DB _ BuildInfo where
        buildArea='{0}'order by buildNo",cboBuildArea.Text);
    try
    {
        SqlCommand command=new SqlCommand(sql,DBHelper.connection);
        DBHelper.connection.Open();
        dataReader=command.ExecuteReader();
        while (dataReader.Read())
        {
            cboBuildNo.Items.Add(dataReader["buildNo"].ToString());
        }
        dataReader.Close();
        cboBuildNo.Enabled=true;
    }
    catch (Exception ex)
    {
        MessageBox.Show(ex.Message);
    }
    finally
    {
        DBHelper.connection.Close();
    }
}
```

（3）编写显示"客房楼号"的 ComboBox 控件的 SelectedIndexChanged 事件，当"客房楼号"选项改变时，将触发该事件，程序如代码 6-61 所示。

代码 6-61　编写显示"客房楼号"的 ComboBox 控件的 SelectedIndexChanged 事件。

```
private void cboBuildNo_SelectedIndexChanged(object sender,EventArgs e)
{
    cboDormNo.Items.Clear();
    string sql=String.Format(@"select dormNo from DB_DormInfo where buildArea=
        '{0}' and buildNo={1}",cboBuildArea. Text, Convert. ToInt32(cboBuildNo.
        Text));
    try
    {
        SqlCommand command=new SqlCommand(sql,DBHelper.connection);
        DBHelper.connection.Open();
        dataReader=command.ExecuteReader();
        while (dataReader.Read())
        {
            cboDormNo.Items.Add(dataReader["dormNo"].ToString());
        }
        dataReader.Close();
        cboDormNo.Enabled=true;
    }
    catch (Exception ex)
```

```
    {
        MessageBox.Show(ex.Message);
    }
    finally
    {
        DBHelper.connection.Close();
    }
}
```

（4）双击"登记"按钮，进入该按钮的单击事件，编写程序如代码 6-62 所示。

代码 6-62 "登记"按钮的单击事件。

```
private void btnAdd_Click(object sender,EventArgs e)
{
    if (IsValidataInput())
    {
        string sql=String.Format(@"insert into DB_DormRepair (buildArea,
            buildNo,dormNo,repairTime,dormJob) values('{0}',{1},{2},'{3}','
            {4}')", cboBuildArea.Text, Convert.ToInt32(cboBuildNo.Text),
            Convert.ToInt32(cboDormNo.Text),dtpRepairTime.Text,txtDormJob.
            Text.Trim());
        try
        {
            SqlCommand command=new SqlCommand(sql,DBHelper.connection);
            DBHelper.connection.Open();
            int result=command.ExecuteNonQuery();
            if (result==1)
            {
                MessageBox.Show("添加记录成功!","操作提示",MessageBoxButtons.
                    OK,MessageBoxIcon.Asterisk);
            }
            else
            {
                MessageBox.Show("添加记录失败!","操作提示",MessageBoxButtons.
                    OK,MessageBoxIcon.Asterisk);
            }
        }
        catch (Exception ex)
        {
            MessageBox.Show(ex.Message);
        }
        finally
        {
            DBHelper.connection.Close();
            DormRepair_Load(sender,e);
        }
    }
}
```

（5）代码 6-62 中调用了 IsValidataInput()方法，该方法的功能是判断用户输入的信息是否合法，编写该方法的程序如代码 6-63 所示。

代码 6-63 IsValidataInput()方法。

```
#region 判断是否是有效数据的录入
private bool IsValidataInput()
{
    if (cboBuildArea.Text=="")
    {
        MessageBox.Show("请选择地理区域!","操作提示",MessageBoxButtons.OK,
            MessageBoxIcon.Asterisk);
        return false;
    }
    else if (cboBuildNo.Text=="")
    {
        MessageBox.Show("请选择客房楼号!","操作提示",MessageBoxButtons.OK,
            MessageBoxIcon.Asterisk);
        return false;
    }
    else if (cboDormNo.Text=="")
    {
        MessageBox.Show("请选择客房号码!","操作提示",MessageBoxButtons.OK,
            MessageBoxIcon.Asterisk);
        return false;
    }
    else if (txtDormJob.Text.Trim()=="")
    {
        MessageBox.Show("请记录报修信息!","操作提示",MessageBoxButtons.OK,
            MessageBoxIcon.Asterisk);
        return false;
    }
    return true;
}
#endregion
```

(6) 双击"关闭"按钮,进入该按钮的单击事件,编写程序如代码 6-64 所示。

代码 6-64 "关闭"按钮的单击事件。

```
private void btnExit_Click(object sender,EventArgs e)
{
    this.Close();
}
```

6.2.10 设计维修情况反馈功能界面 RepairFeedback.cs

"维修情况反馈"的设计界面如图 6-35 所示,该界面的功能是查询报修信息,对报修信息添加维修反馈。报修信息反馈包括:报修流水号、地理区域、客房楼号、客房号、报修时间、报修事宜和维修情况反馈。

1. 设计界面

维修情况反馈的界面分为两部分:一部分是显示报修信息;另一部分是对报修信息添加维修反馈。

图 6-35　"维修情况反馈"的设计界面

（1）"显示报修信息"部分的设计步骤为：首先添加 1 个 Panel 控件。然后添加 1 个 ListView 控件，单击该 ListView 控件右上角的智能标签，将"视图"选项设置为添加 Details，如图 6-36 所示，再单击"编辑列"选项，对 ListView 控件进行编辑。列的属性的 设置如表 6-14 所示，列的属性编辑如图 6-37 所示。

图 6-36　ListView 控件设计界面

表 6-14 列的属性值

列 名	属性名	属性值	列 名	属性名	属性值
repairId	Text	报修流水号	dormNo	Text	客房号
buildArea	Text	地理区域	repairTime	Text	报修时间
buildNo	Text	客房楼号	dormJob	Text	报修事宜

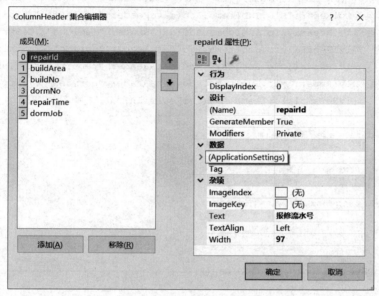

图 6-37 列的属性编辑界面

（2）"维修情况反馈"部分的设计步骤为：首先添加 1 个 GroupBox 控件，将该控件的 Text 属性设置为"维修情况反馈"。再添加 7 个 Label 控件，分别用于显示标签"报修流水号""客房楼号""报修时间""报修事宜""地理区域""客房号"和"维修反馈"。然后添加 6 个 Label 控件，分别用于显示对应的查询结果。再添加 1 个 TextBox 控件，作为"维修反馈"的输入值。最后添加 2 个 Button 控件，分别用作"确定"和"关闭"按钮。

2. 编写代码

（1）编写窗体的 Form_Load 事件 RepairFeedback_Load，程序如代码 6-65 所示。

代码 6-65 窗体的 Form_Load 事件 RepairFeedback_Load。

```
private void RepairFeedback_Load(object sender, EventArgs e)
{
    lvRepairInfo.Items.Clear();
    string sql = " select repairId, buildArea, buildNo, dormNo, CONVERT (varchar
        (10), repairTime, 120) as repairTime, dormJob from DB_DormRepair where
        repairResult is null";
    try
    {
```

199

```
        SqlCommand command=new SqlCommand(sql,DBHelper.connection);
        DBHelper.connection.Open();
        dataReader=command.ExecuteReader();
        while (dataReader.Read())
        {
            ListViewItem lviRepariInfo=new ListViewItem();
            lviRepariInfo.SubItems.Clear();
            lviRepariInfo.SubItems[0].Text=dataReader["repairId"].ToString();
            lviRepariInfo.SubItems.Add(dataReader["buildArea"].ToString());
            lviRepariInfo.SubItems.Add(dataReader["buildNo"].ToString());
            lviRepariInfo.SubItems.Add(dataReader["dormNo"].ToString());
            lviRepariInfo.SubItems.Add(dataReader["repairTime"].ToString());
            lviRepariInfo.SubItems.Add(dataReader["dormJob"].ToString());
            lvRepairInfo.Items.Add(lviRepariInfo);
        }
        dataReader.Close();
    }
    catch (Exception ex)
    {
        MessageBox.Show(ex.Message);
    }
    finally
    {
        DBHelper.connection.Close();
    }
}
```

（2）编写 ListView 控件的 ItemSelectionChanged 事件，程序如代码 6-66 所示。该事件的作用是将选中的记录显示在下面的信息反馈区域的控件上。

代码 6-66 ListView 控件的 ItemSelectionChanged 事件。

```
private void lvRepairInfo_ItemSelectionChanged(object sender,
    ListViewItemSelectionChangedEventArgs e)
{
    if (e.IsSelected)
    {
        lblRepairId.Text=e.Item.SubItems[0].Text;
        lblBuildArea.Text=e.Item.SubItems[1].Text;
        lblBuildNo.Text=e.Item.SubItems[2].Text;
        lblDormNo.Text=e.Item.SubItems[3].Text;
        lblRepairTime.Text=e.Item.SubItems[4].Text;
        lblDormJob.Text=e.Item.SubItems[5].Text;
    }
}
```

（3）双击"确定"按钮，进入该按钮的单击事件，编写程序如代码 6-67 所示。这段代码的作用是将维修反馈信息写入数据库。

代码 6-67 "确定"按钮的单击事件。

```
private void btnEnter_Click(object sender,EventArgs e)
{
    if (lvRepairInfo.SelectedItems.Count==0)
    {
        MessageBox.Show("请选择要操作的记录信息!","操作提示",MessageBoxButtons.
            OK,MessageBoxIcon.Asterisk);
        return;
    }
    else if (txtDormJob.Text.Trim()=="")
    {
        MessageBox.Show("请确定维修反馈信息!","操作提示",MessageBoxButtons.OK,
            MessageBoxIcon.Asterisk);
        return;
    }
    DialogResult result=MessageBox.Show("您确定要更新该记录吗?","操作提示",
        MessageBoxButtons.OKCancel,MessageBoxIcon.Question);
    if (result==DialogResult.OK)
    {
        string sql=String.Format(@"update DB_DormRepair set repairResult='{0}
            'where repairId={1}",txtDormJob.Text.Trim(),Convert.ToInt32
            (lblRepairId.Text));
        try
        {
            SqlCommand command=new SqlCommand(sql,DBHelper.connection);
            DBHelper.connection.Open();
            int count=command.ExecuteNonQuery();
            if (count==1)
            {
                MessageBox.Show("更新记录成功!","操作提示",MessageBoxButtons.
                    OK,MessageBoxIcon.Asterisk);
            }
            else
            {
                MessageBox.Show("更新记录失败,请重新开始该操作!","操作提示",
                    MessageBoxButtons.OK,MessageBoxIcon.Asterisk);
            }
        }
        catch (Exception ex)
        {
            MessageBox.Show(ex.Message);
        }
        finally
        {
            DBHelper.connection.Close();
            lblRepairId.Text="";
```

```
        lblBuildArea.Text="";
        lblBuildNo.Text="";
        lblDormNo.Text="";
        lblRepairTime.Text="";
        lblDormJob.Text="";
        txtDormJob.Clear();
        RepairFeedback_Load(sender,e);
        }
    }
}
```

（4）双击"关闭"按钮，进入该按钮的单击事件，编写程序如代码 6-68 所示。

代码 6-68 "关闭"按钮的单击事件。

```
private void btnExit_Click(object sender,EventArgs e)
{
    this.Close();
}
```

6.2.11 设计客房违规记录功能界面 DormFouls.cs

"客房违规记录"的设计界面如图 6-38 所示，该界面的功能是将违规信息写入数据库，违规信息包括地理区域、客房楼号、客房号、登记时间和违规信息。

1. 设计界面

"客房违规记录"界面的设计步骤为：首先添加 1 个 GroupBox 控件，将该控件的 Text 属性设置为"违规记录"。添加 5 个 Label 控件，分别用于显示"地理区域""客房楼号""客房号""登记时间"和"违规信息"。添加 3 个 ComboBox 控件，用于"地理区域""客房楼号"和"客房号"选择内容。添加 1 个 DateTimePicker 控件，用于"登记时间"。再添加 1 个 TextBox 控件，用于显示"违规信息"，并将该 TextBox 控件的 MultiLine 属性设置为 true。最后添加 2 个 Button 控件，分别用作"记录"和"关闭"按钮。

图 6-38 "客房违规记录"的设计界面

2. 编写代码

（1）编写窗体的 Form_Load 事件 DormFouls_Load，如代码 6-69 所示。

代码 6-69 窗体的 Form_Load 事件 DormFouls_Load。

```
private void DormFouls_Load(object sender,EventArgs e)
{
    cboBuildNo.Enabled=false;
    cboDormNo.Enabled=false;
    cboBuildArea.Items.Clear();
    cboBuildArea.SelectedIndex=-1;
    txtDormMsg.Text="";
    string query="select distinct buildArea from DB_BuildInfo";
    try
    {
        dataReader=DBHelper.GetResult(query);
        while (dataReader.Read())
        {
            cboBuildArea.Items.Add(dataReader["buildArea"].ToString());
        }
        dataReader.Close();
    }
    catch (Exception ex)
    {
        MessageBox.Show(ex.Message);
    }
    finally
    {
        DBHelper.connection.Close();
    }
}
```

（2）编写"地理区域"ComboBox 控件的 SelectedIndexChanged 事件，程序如代码 6-70 所示。

代码 6-70 "地理区域"ComboBox 控件的 SelectedIndexChanged 事件。

```
private void cboBuildArea_SelectedIndexChanged(object sender,EventArgs e)
{
    cboBuildNo.Items.Clear();
    string sql = String. Format ( " select buildNo from DB _ BuildInfo where
        buildArea='{0}'order by buildNo",cboBuildArea.Text);
    try
    {
        dataReader=DBHelper.GetResult(sql);
        while (dataReader.Read())
        {
            cboBuildNo.Items.Add(dataReader["buildNo"].ToString());
        }
        dataReader.Close();
        cboBuildNo.Enabled=true;
    }
    catch (Exception ex)
    {
```

```
        MessageBox.Show(ex.Message);
    }
    finally
    {
        DBHelper.connection.Close();
    }
}
```

（3）编写"客房楼号"ComboBox 控件的 SelectedIndexChanged 事件，程序如代码 6-71 所示。

代码 6-71 "客房楼号"ComboBox 控件的 SelectedIndexChanged 事件。

```
private void cboBuildNo_SelectedIndexChanged(object sender, EventArgs e)
{
    cboDormNo.Items.Clear();
    string sql=String.Format(@"select dormNo from DB_DormInfo where buildArea
        = '{0}' and buildNo = {1}", cboBuildArea.Text, Convert.ToInt32
        (cboBuildNo.Text));
    try
    {
        dataReader=DBHelper.GetResult(sql);
        while (dataReader.Read())
        {
            cboDormNo.Items.Add(dataReader["dormNo"].ToString());
        }
        dataReader.Close();
        cboDormNo.Enabled=true;
    }
    catch (Exception ex)
    {
        MessageBox.Show(ex.Message);
    }
    finally
    {
        DBHelper.connection.Close();
    }
}
```

（4）双击"记录"按钮，进入该按钮的单击事件，如代码 6-72 所示。这段代码的作用是将违规信息写入数据库。

代码 6-72 "记录"按钮的单击事件。

```
private void btnAdd_Click(object sender, EventArgs e)
{
  if (IsValidataInput())
  {
    string sql= String.Format(@"insert into DB_DormDes (buildArea, buildNo,
        dormNo,foulsTime,dormMsg) values('{0}', {1}, {2}, '{3}', '{4}')",
        cboBuildArea.Text, Convert.ToInt32(cboBuildNo.Text), Convert.ToInt32
        (cboDormNo.Text),dtpFoulsTime.Text, txtDormMsg.Text.Trim());
    try
```

```
    {
        int result=DBHelper.GetDsqlResult(sql);
        if (result==1)
        {
            MessageBox.Show("添加记录成功!", "操作提示", MessageBoxButtons.OK,
                MessageBoxIcon.Asterisk);
        }
        else
        {
            MessageBox.Show("添加记录失败!", "操作提示", MessageBoxButtons.OK,
                MessageBoxIcon.Asterisk);
        }
    }
    catch (Exception ex)
    {
        MessageBox.Show(ex.Message);
    }
    finally
    {
        DBHelper.connection.Close();
        DormFouls_Load(sender, e);
    }
  }
}
```

（5）代码 6-72 中调用了 IsValidataInput()方法，该方法的作用是判断用户提交的信息是否合法。编写该方法的程序如代码 6-73 所示。

代码 6-73　IsValidataInput()方法。

```
#region 判断是否是有效数据的录入
private bool IsValidataInput()
{
    if (cboBuildArea.Text=="")
    {
        MessageBox.Show("请选择地理区域!", "操作提示", MessageBoxButtons.OK,
            MessageBoxIcon.Asterisk);
        return false;
    }
    else if (cboBuildNo.Text=="")
    {
        MessageBox.Show("请选择客房楼号!", "操作提示", MessageBoxButtons.OK,
            MessageBoxIcon.Asterisk);
        return false;
    }
    else if (cboDormNo.Text=="")
    {
        MessageBox.Show("请选择客房号码!", "操作提示", MessageBoxButtons.OK,
            MessageBoxIcon.Asterisk);
        return false;
```

```
    }
    else if (txtDormMsg.Text.Trim()=="")
    {
        MessageBox.Show("请记录违规信息!", "操作提示", MessageBoxButtons.OK,
        MessageBoxIcon.Asterisk);
        return false;
    }
    return true;
}
#endregion
```

（6）双击"关闭"按钮，进入该按钮的单击事件，编写程序如代码 6-74 所示。

代码 6-74 "关闭"按钮的单击事件。

```
private void btnExit_Click(object sender, EventArgs e)
{
    this.Close();
}
```

6.2.12　设计客房违规处理功能界面 FoulsFeedback.cs

"客房违规处理"的设计界面如图 6-39 所示，该界面的功能是查询违规登记信息，对违规登记信息添加处理意见，并将违规信息和处理意见一并写入数据库。违规信息包括违规记录号、地理区域、客房楼号、客房号、记录时间、违规事项和处理意见等内容。

图 6-39　"客户违规处理"的设计界面

1. 设计界面

"客房违规处理"界面分为两部分：一部分是显示违规信息；另一部分是为违规信息添加处理意见。

（1）"显示违规信息"部分的设计步骤为：首先添加 1 个 Panel 控件。然后添加 1 个 ListView 控件，单击 ListView 控件右上角的智能标签，将"视图"选项设置为 Details，如图 6-40 所示，再单击"编辑列"选项，对 ListView 控件进行编辑，如图 6-41 所示，列的属性设置如表 6-15 所示。

图 6-40　ListView 控件设置界面

图 6-41　列的属性编辑界面

表 6-15　列的属性值

列　名	属性名	属性值	列　名	属性名	属性值
msgId	Text	违规记录号	dormNo	Text	客房号
buildArea	Text	地理区域	foulsTime	Text	登记时间
buildNo	Text	客房楼号	dormMsg	Text	违规信息

　　（2）"添加违规信息处理"部分的设计步骤为：首先添加 1 个 GroupBox 控件，并将 Text 属性设置为"违规客房处理"。添加 7 个 Label 控件，分别用于显示标签"违规记录号""地理区域""客房楼号""客房号""记录时间""违规事项"和"处理意见"。然后添加 6 个 Label 控件，用于显示"违规记录号""地理区域""客房楼号""客房号""记录时间"和"违规事项"字段内容。添加 1 个 TextBox 控件，用于显示"处理意见"字段内容。最后添加 2 个 Button 控件，分别用作"发布"和"关闭"按钮。

2. 编写代码

　　（1）编写窗体的 Form_Load 事件 FoulsFeedback_Load，编写程序如代码 6-75 所示。

　　代码 6-75　窗体的 Form_Load 事件 FoulsFeedback_Load。

```
private void FoulsFeedback_Load(object sender, EventArgs e)
{
    lvFoulsInfo.Items.Clear();
    string sql="select msgId, buildArea, buildNo, dormNo, CONVERT(varchar(10),
        foulsTime,120) as foulsTime, dormMsg from DB_DormDes where dormResult
        is null";
    try
    {
        SqlCommand command=new SqlCommand(sql, DBHelper.connection);
        DBHelper.connection.Open();
        dataReader=command.ExecuteReader();
        while (dataReader.Read())
        {
            ListViewItem lviRepariInfo=new ListViewItem();
            lviRepariInfo.SubItems.Clear();
            lviRepariInfo.SubItems[0].Text=dataReader["msgId"].ToString();
            lviRepariInfo.SubItems.Add(dataReader["buildArea"].ToString());
            lviRepariInfo.SubItems.Add(dataReader["buildNo"].ToString());
            lviRepariInfo.SubItems.Add(dataReader["dormNo"].ToString());
            lviRepariInfo.SubItems.Add(dataReader["foulsTime"].ToString());
            lviRepariInfo.SubItems.Add(dataReader["dormMsg"].ToString());
            lvFoulsInfo.Items.Add(lviRepariInfo);
        }
        dataReader.Close();
    }
    catch (Exception ex)
    {
        MessageBox.Show(ex.Message);
    }
    finally
    {
```

```
        DBHelper.connection.Close();
    }
}
```

（2）编写 ListView 控件的 ItemSelectionChanged 事件 lvFoulsInfo_ItemSelectionChanged，程序如代码 6-76 所示。

代码 6-76　ListView 控件的 ItemSelectionChanged 事件。

```
private void lvFoulsInfo_ItemSelectionChanged(object sender,
    ListViewItemSelectionChangedEventArgs e)
{
    if (e.IsSelected)
    {
        lblMsgId.Text=e.Item.SubItems[0].Text;
        lblBuildArea.Text=e.Item.SubItems[1].Text;
        lblBuildNo.Text=e.Item.SubItems[2].Text;
        lblDormNo.Text=e.Item.SubItems[3].Text;
        lblFoulsTime.Text=e.Item.SubItems[4].Text;
        lblDormMsg.Text=e.Item.SubItems[5].Text;
    }
}
```

（3）双击"发布"按钮，进入该按钮的单击事件，编写程序如代码 6-77 所示。

代码 6-77　"发布"按钮的单击事件。

```
private void btnEnter_Click(object sender, EventArgs e)
{
    if (lvFoulsInfo.SelectedItems.Count==0)
    {
        MessageBox.Show("请选择要操作的记录信息!", "操作提示",
            MessageBoxButtons.OK, MessageBoxIcon.Asterisk);
        return;
    }
    else if (txtDormMsg.Text.Trim()=="")
    {
        MessageBox.Show("请确定维修反馈信息!", "操作提示", MessageBoxButtons.
            OK, MessageBoxIcon.Asterisk);
        return;
    }
    DialogResult result=MessageBox.Show("您确定要更新该记录吗?", "操作提示",
        MessageBoxButtons.OKCancel, MessageBoxIcon.Question);
    if (result==DialogResult.OK)
    {
        string sql= String.Format(@"update DB_DormDes set dormResult='{0}'
            where msgId={1}", txtDormMsg.Text.Trim(), Convert.ToInt32
            (lblMsgId.Text));
        try
        {
            SqlCommand command=new SqlCommand(sql, DBHelper.connection);
            DBHelper.connection.Open();
            int count=command.ExecuteNonQuery();
            if (count==1)
```

209

```
        {
            MessageBox.Show("更新记录成功!", "操作提示", MessageBoxButtons.
            OK, MessageBoxIcon.Asterisk);
        }
        else
        {
            MessageBox.Show("更新记录失败,请重新开始该操作!", "操作提示",
            MessageBoxButtons.OK, MessageBoxIcon.Asterisk);
        }
    }
    catch (Exception ex)
    {
        MessageBox.Show(ex.Message);
    }
    finally
    {
        DBHelper.connection.Close();
        lblMsgId.Text="";
        lblBuildArea.Text="";
        lblBuildNo.Text="";
        lblDormNo.Text="";
        lblFoulsTime.Text="";
        lblDormMsg.Text="";
        txtDormMsg.Clear();
        FoulsFeedback_Load(sender, e);
    }
}
```

（4）双击"关闭"按钮，进入该按钮的单击事件，编写程序如代码 6-78 所示。

代码 6-78 "关闭"按钮的单击事件。

```
private void btnExit_Click(object sender, EventArgs e)
{
    this.Close();
}
```

6.2.13 设计查询客户信息功能界面 InfoSearch.cs

"查询客户信息"的设计界面如图 6-42 所示，该界面的功能是根据选择的查询条件，查询并显示学生的信息，包括"地理区域""客房楼号""客房号""编号""姓名""性别""入住时间""联系方式""电话"和"备注"。

1. 设计界面

"查询客户信息"界面分为两部分：一部分是显示查询条件；另一部分是显示查询结果。

（1）"显示查询条件"部分的设计步骤为：首先添加 1 个 GroupBox 控件。然后添加 3 个 Label 控件，分别用于"地理区域""客房楼号"和"客房号"标签的显示。再添加 3 个

图 6-42 "查询客户信息"的设计界面

ComboBox 控件，分别用于"地理区域""客房楼号"和"客房号"字段内容的显示。最后添加 2 个 Button 控件，分别用作"查询"和"刷新"按钮。

（2）"显示查询结果"部分的设计步骤为：添加 1 个 ListView 控件，单击该控件右上角的智能标签，将"视图"属性设置为 Details，如图 6-43 所示。然后单击"编辑列"选项，设置列的属性如表 6-16 所示，列的设计界面如图 6-44 所示。

图 6-43 ListView 控件的设置界面

表 6-16 列的属性值

列　　名	属性名	属性值	列　　名	属性名	属性值
buildArea	Text	地理区域	stuSex	Text	性别
buildNo	Text	客房楼号	stuTime	Text	入住时间
dormNo	Text	客房号	stuDepart	Text	联系方式
stuNo	Text	编号	stuPro	Text	电话
stuName	Text	姓名	stuElse	Text	备注

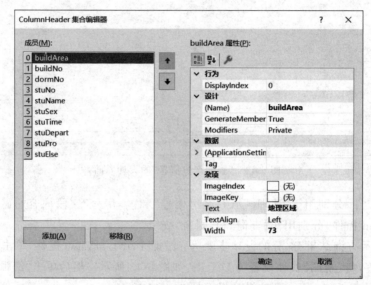

图 6-44 列的属性编辑界面

2. 编写代码

（1）编写窗体的 Form_Load 事件 StuInfoSearch_Load，程序如代码 6-79 所示。

代码 6-79 窗体的 Form_Load 事件 StuInfoSearch_Load。

```
private void StuInfoSearch_Load(object sender, EventArgs e)
{
    FormState();
    dataReader=DBHelper. GetResult ( " select distinct buildArea from DB _
        BuildInfo");
    while (dataReader.Read())
    {
        dCboBuildArea.Items.Add(dataReader["buildArea"].ToString());
    }
    dataReader.Close();
    DBHelper.connection.Close();
}
```

（2）以上这段代码中，调用了 FormState()方法，该方法用于初始化窗体，编写该方法的程序如代码 6-80 所示。

代码 6-80　FormState()方法。

```
#region ListView初始化状态
private void FormState()
{
    dCboBuildNo.Enabled=false;
    dCboDormNo.Enabled=false;
    dCboBuildArea.SelectedIndex=-1;
    lvStuInfoSearch.Items.Clear();
    string sql=@"select b.buildArea,b.buildNo,b.dormNo,a.stuNo,a.stuName,a.
        stuSex,Convert(varchar(10),a.stuTime,120) as stuTime,a.stuDepart,a.
        stuPro,a.stuElse from DB_StuInfo a,DB_DormRegister b where a.stuNo=b.
        stuNo";
    dataReader=DBHelper.GetResult(sql);
    while (dataReader.Read())
    {
        ListViewItem lviStuInfoSearch=new ListViewItem();
        lviStuInfoSearch.SubItems.Clear();
        lviStuInfoSearch.SubItems[0].Text=dataReader[0].ToString();
        lviStuInfoSearch.SubItems.Add(dataReader[1].ToString());
        lviStuInfoSearch.SubItems.Add(dataReader[2].ToString());
        lviStuInfoSearch.SubItems.Add(dataReader[3].ToString());
        lviStuInfoSearch.SubItems.Add(dataReader[4].ToString());
        lviStuInfoSearch.SubItems.Add(dataReader[5].ToString());
        lviStuInfoSearch.SubItems.Add(dataReader[6].ToString());
        lviStuInfoSearch.SubItems.Add(dataReader[7].ToString());
        lviStuInfoSearch.SubItems.Add(dataReader[8].ToString());
        lviStuInfoSearch.SubItems.Add(dataReader[9].ToString());
        lvStuInfoSearch.Items.Add(lviStuInfoSearch);
    }
    dataReader.Close();
    DBHelper.connection.Close();
}
#endregion
```

（3）编写"地理区域"ComboBox 控件的 SelectedIndexChanged 事件，程序如代码 6-81 所示。

代码 6-81　"地理区域"ComboBox 控件的 SelectedIndexChanged 事件。

```
private void dCboBuildArea_SelectedIndexChanged(object sender, EventArgs e)
{
    dCboBuildNo.Items.Clear();
    if (dCboBuildArea.Text !="")
    {
        dCboBuildNo.Enabled=true;
        dataReader=DBHelper.GetResult("select buildNo from DB_BuildInfo where
            buildArea='"+dCboBuildArea.Text+"'order by buildNo");
        while (dataReader.Read())
```

213

```
        {
            dCboBuildNo.Items.Add(dataReader["buildNo"].ToString());
        }
        dataReader.Close();
        DBHelper.connection.Close();
    }
}
```

（4）编写客房楼号 ComboBox 控件的 SelectedIndexChanged 事件，程序如代码 6-82 所示。

代码 6-82 客房楼号 ComboBox 控件的 SelectedIndexChanged 事件。

```
private void dCboBuildNo_SelectedIndexChanged(object sender, EventArgs e)
{
    dCboDormNo.Items.Clear();
    if (dCboBuildNo.Text !="")
    {
        dCboDormNo.Enabled=true;
        dataReader= DBHelper.GetResult ("select dormNo from DB_DormInfo where
            buildArea='"+dCboBuildArea.Text+"' and buildNo='"+dCboBuildNo.
            Text+"' order by dormNo");
        while (dataReader.Read())
        {
            dCboDormNo.Items.Add(dataReader["dormNo"].ToString());
        }
        dataReader.Close();
        DBHelper.connection.Close();
    }
}
```

（5）双击"查询"按钮，进入该按钮的单击事件，编写程序如代码 6-83 所示。

代码 6-83 "查询"按钮的单击事件。

```
private void btnQuery_Click(object sender, EventArgs e)
{
    if (VaildataInput())
    {
        string sql=String.Format(@"select b.buildArea,b.buildNo,b.dormNo,a.
            stuNo,a.stuName, a.stuSex, Convert(varchar(10),a.stuTime,120) as
            stuTime,a. stuDepart, a. stuPro, a. stuElse from DB_StuInfo a, DB_
            DormRegister b where a.stuNo=b.stuNo and b.buildArea='{0}' and b.
            buildNo={1} and b.dormNo={2}", dCboBuildArea.Text, dCboBuildNo.
            Text, dCboDormNo.Text);
        dataReader=DBHelper.GetResult(sql);
        lvStuInfoSearch.Items.Clear();
        while (dataReader.Read())
        {
            ListViewItem lviStuInfoSearch=new ListViewItem();
            lviStuInfoSearch.SubItems.Clear();
            lviStuInfoSearch.SubItems[0].Text=dataReader[0].ToString();
            lviStuInfoSearch.SubItems.Add(dataReader[1].ToString());
```

```
        lviStuInfoSearch.SubItems.Add(dataReader[2].ToString());
        lviStuInfoSearch.SubItems.Add(dataReader[3].ToString());
        lviStuInfoSearch.SubItems.Add(dataReader[4].ToString());
        lviStuInfoSearch.SubItems.Add(dataReader[5].ToString());
        lviStuInfoSearch.SubItems.Add(dataReader[6].ToString());
        lviStuInfoSearch.SubItems.Add(dataReader[7].ToString());
        lviStuInfoSearch.SubItems.Add(dataReader[8].ToString());
        lviStuInfoSearch.SubItems.Add(dataReader[9].ToString());
        lvStuInfoSearch.Items.Add(lviStuInfoSearch);
    }
    dataReader.Close();
    DBHelper.connection.Close();
}
```

(6) 代码 6-83 中调用了 VaildataInput() 方法,用于判断用户选择的查询条件是否合法。编写该方法的程序如代码 6-84 所示。

代码 6-84 VaildataInput() 方法。

```
#region 有效查询条件
private bool VaildataInput()
{
    if (dCboBuildArea.Text=="")
    {
        MessageBox.Show("请选择查询的地理区域!", "操作提示", MessageBoxButtons.
            OK, MessageBoxIcon.Asterisk);
        return false;
    }
    else if (dCboBuildNo.Text=="")
    {
        MessageBox.Show("请选择查询的客房楼号!", "操作提示", MessageBoxButtons.
            OK, MessageBoxIcon.Asterisk);
        return false;
    }
    else if (dCboDormNo.Text=="")
    {
        MessageBox.Show("请选择查询的客房号!", "操作提示", MessageBoxButtons.
            OK, MessageBoxIcon.Asterisk);
        return false;
    }
    return true;
}
#endregion
```

(7) 双击“刷新”按钮,进入该按钮的单击事件,编写程序如代码 6-85 所示。

代码 6-85 “刷新”按钮的单击事件。

```
private void btnRefresh_Click(object sender, EventArgs e)
{
    FormState();
}
```

项 目 小 结

本项目设计制作了一套酒店客房管理系统，从数据库的设计到系统功能设计，再到各功能模块的设计，详细地展示了完整系统的设计流程。通过各功能模块的详细设计，展示了控件的属性、事件和方法的使用方法，在细节上展示了控件的使用方法。在各功能的代码设计上，展示了 C♯语言各种用法，控件的应用。

项 目 拓 展

本项目设计制作的是酒店客房管理系统，读者可以根据项目特点，模仿设计制作一个学生成绩管理系统，从数据库设计、整体功能设计再到详细设计，练习软件的开发流程。

项目7 设计制作企业人事管理系统

企业人事管理是企业管理的一项重要内容，它负责整个企业的日常人事安排、人员的人事管理等，在整个企业的管理中具有重要地位。随着企业信息化的迅速发展，人事管理系统已经成为企业管理中不可缺少的部分，是适应现代企业制度要求、推动企业劳动人事管理走向科学化、规范化的必要条件。高效的人事管理可以提高企业的市场竞争力，使企业具有更强的凝聚力和活力。因此，需要设计制作一套符合现代企业要求，稳定、高效的企业人事管理系统。

任务 7.1 系统功能总体设计

随着信息时代的到来以及办公自动化的全面发展，企业人事管理工作的需求也在不断提高。传统的手工作业效率较低，操作也较为复杂，已不能满足企业发展的要求。人事管理系统打破了传统手工操作的模式，动态地实现了职工信息管理、人事变动、职工考勤信息管理和部门机构管理等功能。

本项目通过设计制作一套企业人事管理系统，让读者掌握C♯开发完整项目的工作流程。本项目还介绍了C♯代码分层的设计理念，并重点介绍了C♯进行数据库系统开发的技术。

7.1.1 系统功能结构设计

本系统的功能模块有以下几个：基础信息管理（包括基本数据管理和员工提示信息管理）、人事管理（包括人事档案浏览、人事资料查询和人事资料统计）、备忘记录管理（包括日常记事管理和通信录管理）、系统管理（包括用户设置管理）、数据库管理（包括备份还原数据库和清空数据库）。企业人事管理系统的功能结构如图7-1所示。

图 7-1 企业人事管理系统的功能结构

该项目包含的功能界面具体如下。

（1）添加通信录界面 F_Address.cs。

（2）基础数据管理界面 F_Basic.cs。

（3）提醒日期管理界面 F_ClewSet.cs。

（4）通信录管理界面 F_AddressList.cs。

（5）清空数据表界面 F_ClearData.cs。

（6）人事资料查询界面 F_Find.cs。

（7）数据库管理界面 F_HaveBack.cs。

（8）人事档案管理主界面 F_ManFile.cs。

（9）人事资料统计界面 F_Stat.cs。

（10）用户管理界面 F_User.cs。

（11）添加用户界面 F_UserAdd.cs。

（12）用户权限管理界面 F_UserPope.cs。

（13）记事信息管理界面 F_WordPad.cs。

（14）登录界面 F_Login.cs。

（15）系统管理主界面 F_Main.cs。

本项目的工程文件列表如图 7-2 所示。

图 7-2　项目工程文件列表

7.1.2　系统的数据库设计

1. 数据库设计

本系统采用 SQL Server 2017 作为后台数据库，数据库名为 renshi。本数据库包含的数据表如图 7-3 所示，数据表说明如表 7-1 所示。

表 7-1　数据表说明

序　号	数据表名	说　明	序　号	数据表名	说　明
1	tb_AddressBook	通信录信息	13	tb_Laborage	工资类别
2	tb_Branch	部门信息	14	tb_Login	用户信息
3	tb_Business	职务信息	15	tb_PopeModel	权限类别
4	tb_City	省市数据	16	tb_RANDP	奖惩记录
5	tb_Clew	提醒日期	17	tb_RPKind	奖惩类别
6	tb_DayWordPad	记事信息	18	tb_Stuffbusic	职工信息
7	tb_Duthcall	职称信息	19	tb_TrainNote	培训信息
8	tb_EmployeeGenre	职工类别	20	tb_UserPope	用户权限
9	tb_Family	家庭关系	21	tb_Visage	政治面貌
10	tb_Folk	民族类别	22	tb_WordPad	记事类别
11	tb_Individual	个人简历	23	tb_WordResume	工作简历
12	tb_Kultur	学历信息			

2. 数据表设计

（1）"通信录信息表"tb_AddressBook 的字段如表 7-2 所示，该数据表的设计界面如图 7-4 所示。

图 7-3　数据表列表结构

图 7-4　"通信录信息表"tb_AddressBook 的设计界面

表 7-2　"通信录信息表"tb_AddressBook 的字段

字段名	数据类型	说　明	字段名	数据类型	说　明
ID	varchar(5)	编号	QQ	varchar(15)	QQ 号码
Name	varchar(20)	姓名	WorkPhone	varchar(13)	工作电话
Sex	varchar(4)	性别	E_mail	varchar(32)	电子邮箱
Phone	varchar(13)	电话	Handset	varchar(11)	手机

（2）"部门信息数据表"tb_Branch 的字段如表 7-3 所示，该数据表的设计界面如图 7-5 所示。

表 7-3　"部门信息数据表"tb_Branch 的字段

字段名	数据类型	说　明
ID	int	编号
BranchName	varchar(20)	部门

图 7-5　"部门信息数据表"tb_Branch 的设计界面

（3）"职务信息数据表"tb_Business 的字段如表 7-4 所示，该数据表的设计界面如图 7-6 所示。

表 7-4　"职务信息数据表"tb_Business 的字段

字段名	数据类型	说　　明
ID	int	编号
BusinessName	varchar(20)	职务

LENOVO-PC.db_PWMS - dbo.tb_Business		
列名	数据类型	允许 Null 值
ID	int	☐
BusinessName	varchar(20)	☑
		☐

图 7-6　"职务信息数据表"tb_Branch 的设计界面

（4）"省市数据表"tb_City 的字段如表 7-5 所示，该数据表的设计界面如图 7-7 所示。

表 7-5　"省市数据表"tb_City 的字段

字段名	数据类型	说　　明
ID	int	编号
BeAware	varchar(30)	省
City	varchar(30)	城市

LENOVO-PC.db_PWMS - dbo.tb_City		
列名	数据类型	允许 Null 值
ID	int	☐
BeAware	varchar(30)	☑
City	varchar(30)	☑
		☐

图 7-7　"省市数据表"tb_City 的设计界面

（5）"提醒日期数据表"tb_Clew 的字段如表 7-6 所示，该数据表的设计界面如图 7-8 所示。

表 7-6　"提醒日期数据表"tb_Clew 的字段

字段名	数据类型	说　　明
ID	int	编号
Fate	int	日期
Kind	int	类型
Unlock	int	是否锁定

LENOVO-PC.db_PWMS - dbo.tb_Clew		
列名	数据类型	允许 Null 值
ID	int	☐
Fate	int	☐
Kind	int	☐
Unlock	int	☐
		☐

图 7-8　"提醒日期数据表"tb_Clew 的设计界面

（6）"记事信息数据表"tb_DayWordPad 的字段如表 7-7 所示，该数据表的设计界面如图 7-9 所示。

表 7-7　"记事信息数据表"tb_DayWordPad 的字段

字段名	数据类型	说　　明
ID	varchar(5)	编号
BlotterDate	datetime	记事日期
BlotterSort	varchar(20)	记事类型
Motif	varchar(20)	主题
Wordpa	text	内容

LENOVO-PC.db_PW...bo.tb_DayWordPad		
列名	数据类型	允许 Null 值
ID	varchar(5)	☐
BlotterDate	datetime	☑
BlotterSort	varchar(20)	☑
Motif	varchar(20)	☑
Wordpa	text	☑
		☐

图 7-9　"记事信息数据表"tb_DayWordPad 的设计界面

（7）"职称信息数据表"tb_Duthcall 的字段如表 7-8 所示，该数据表的设计界面如图 7-10 所示。

表 7-8 "职称信息数据表"tb_Duthcall 的字段

字段名	数据类型	说　明
ID	int	编号
DuthcallName	varchar(20)	职称类别

图 7-10 "职称信息数据表"tb_Duthcall 的设计界面

（8）"职工类别数据表"tb_EmployeeGenre 的字段如表 7-9 所示，该数据表的设计界面如图 7-11 所示。

表 7-9 "职工类别数据表"tb_EmployeeGenre 的字段

字段名	数据类型	说　明
ID	int	编号
EmployeeName	varchar(20)	员工类别

图 7-11 "职工类别数据表"tb_EmployeeGenre
的设计界面

（9）"家庭关系数据表"tb_Family 的字段如表 7-10 所示，该数据表的设计界面如图 7-12 所示。

表 7-10 "家庭关系数据表"tb_Family 的字段

字段名	数据类型	说　明
ID	varchar(5)	编号
Sut_ID	varchar(5)	编号
LeaguerName	varchar(20)	姓名
Nexus	varchar(10)	关系
BirthDate	datetime	出生日期
WordUnit	varchar(24)	工作单位
Business	varchar(10)	职务
Visage	varchar(10)	政治面貌
Phone	varchar(14)	电话

图 7-12 "家庭关系数据表"tb_Family 的设计界面

（10）"民族类别数据表"tb_Folk 的字段如表 7-11 所示，该数据表的设计界面如图 7-13 所示。

表 7-11 "民族类别数据表"tb_Folk 的字段

字段名	数据类型	说　明
ID	int	编号
FolkName	varchar(30)	民族类别

图 7-13 "民族类别数据表"tb_Folk 的设计界面

（11）"个人简历数据表"tb_Individual 的字段如表 7-12 所示，该数据表的设计界面如图 7-14 所示。

表 7-12 "个人简历数据表"tb_Individual 的字段

字段名	数据类型	说　明
ID	varchar(5)	编号
Memo	text	简历内容

图 7-14 "个人简历数据表"tb_Individual 的设计界面

（12）"学历信息数据表"tb_Kultur 的字段如表 7-13 所示，该数据表的设计界面如图 7-15 所示。

表 7-13 "学历信息数据表"tb_Kultur 的字段

字段名	数据类型	说　明
ID	int	编号
KulturName	varchar(20)	学历

图 7-15 "学历信息数据表"tb_Kultur 的设计界面

（13）"工资类别数据表"tb_Laborage 的字段如表 7-14 所示，该数据表的设计界面如图 7-16 所示。

表 7-14 "工资类别数据表"tb_Laborage 的字段

字段名	数据类型	说　明
ID	int	编号
LaborageName	varchar(50)	工资类别

图 7-16 "工资类别数据表"tb_Laborage 的设计界面

（14）"用户信息数据表"tb_Login 的字段如表 7-15 所示，该数据表的设计界面如图 7-17 所示。

表 7-15 "用户信息数据表"tb_Login 的字段

字段名	数据类型	说　明
ID	varchar(5)	编号
Name	varchar(20)	用户名
Pass	varchar(20)	密码

图 7-17 "用户信息数据表"tb_Login 的设计界面

（15）"权限类别数据表"tb_PopeModel 的字段如表 7-16 所示，该数据表的设计界面如图 7-18 所示。

表 7-16 "权限类别数据表"tb_PopeModel 的字段

字段名	数据类型	说　明
ID	int	编号
PopeName	varchar(50)	权限类别

图 7-18 "权限类别数据表"tb_PopeModel 的设计界面

（16）"奖惩记录数据表"tb_RANDP 的字段如表 7-17 所示，该数据表的设计界面如图 7-19 所示。

表 7-17　"奖惩记录数据表"tb_RANDP 的字段

字段名	数据类型	说　明
ID	varchar(5)	编号
Sut_ID	varchar(5)	编号
RPKind	varchar(20)	奖惩种类
RPDate	datetime	日期
SealMan	varchar(10)	批准人
QuashDate	datetime	撤销日期
QuashWhys	varchar(50)	撤销原因

图 7-19　"奖惩记录数据表"tb_RANDP 的设计界面

（17）"奖惩类别数据表"tb_RPKind 的字段如表 7-18 所示，该数据表的设计界面如图 7-20 所示。

表 7-18　"奖惩类别数据表"tb_RPKind 的字段

字段名	数据类型	说　明
ID	int	编号
RPKind	varchar(20)	奖惩类别

图 7-20　"奖惩类别数据表"tb_RPKind 的设计界面

（18）"职工信息数据表"tb_Stuffbusic 的字段如表 7-19 所示，该数据表的设计界面如图 7-21 所示。

表 7-19　"职工信息数据表"tb_Stuffbusic 的字段

字段名	数据类型	说　明	字段名	数据类型	说　明
ID	varchar(5)	编号	Business	varchar(10)	职务
StuffName	varchar(20)	姓名	Laborage	varchar(10)	工资
Folk	varchar(20)	民族	Branch	varchar(14)	部门类别
Birthday	datetime	出生年月	Duthcall	varchar(14)	职工类别
Age	int	年龄	Phone	varchar(14)	电话
Kultur	varchar(14)	学历	Handset	varchar(11)	手机
Marriage	varchar(4)	婚姻	School	varchar(24)	毕业学校
Sex	varchar(4)	性别	Speciality	varchar(20)	专业
Visage	varchar(14)	政治面貌	GraduateDate	datetime	毕业时间
IDCard	varchar(20)	身份证号	Address	varchar(50)	地址
Workdate	datetime	工作时间	Photo	image	照片
WorkLength	int	工龄	BeAware	varchar(30)	省
Employee	varchar(20)	工作类别	City	varchar(30)	市

续表

字段名	数据类型	说　明	字段名	数据类型	说　明
M_Pay	float	工资	Pact_E	datetime	合同结束时间
Bank	varchar(20)	银行账号	Pact_Y	float	合同年限
Pact_B	datetime	合同开始时间			

（19）"培训信息数据表"tb_TrainNote 的字段如表 7-20 所示，该数据表的设计界面如图 7-22 所示。

图 7-21　"职工信息数据表"tb_Stuffbusic
的设计界面

图 7-22　"培训信息数据表"tb_TrainNote
的设计界面

表 7-20　"培训信息数据表"tb_TrainNote 的字段

字段名	数据类型	说　明	字段名	数据类型	说　明
ID	varchar(10)	编号	Speciality	varchar(20)	专业
Sut_ID	varchar(5)	编号	TrainUnit	varchar(30)	培训部门
TrainFashion	varchar(20)	培训名称	KulturMemo	varchar(50)	培训内容
BeginDate	datetime	开始日期	Charge	float	费用
EndDate	datetime	结束日期	Effect	varchar(20)	效果

（20）"用户权限数据表"tb_UserPope 的字段如表 7-21 所示，该数据表的设计界面如图 7-23 所示。

表 7-21　"用户权限数据表"tb_UserPope 的字段

字段名	数据类型	说　明
AutoID	int	编号
ID	varchar(5)	编号
PopeName	varchar(50)	姓名
Pope	int	权限

图 7-23　"用户权限数据表"tb_UserPope 的设计界面

（21）"政治面貌数据表"tb_Visage 的字段如表 7-22 所示，该数据表的设计界面如图 7-24 所示。

表 7-22　"政治面貌数据表"tb_Visage 的字段

字段名	数据类型	说　明
ID	int	编号
VisageName	varchar(20)	政治面貌

图 7-24　"政治面貌数据表"tb_Visage 的设计界面

（22）"记事类别数据表"tb_WordPad 的字段如表 7-23 所示，该数据表的设计界面如图 7-25 所示。

表 7-23　"记事类别数据表"tb_WordPad 的字段

字段名	数据类型	说　明
ID	int	编号
WORDPAD	varchar(20)	记事类别

图 7-25　"记事类别数据表"tb_WordPad 的设计界面

（23）"工作简历数据表"tb_WordResume 的字段如表 7-24 所示，该数据表的设计界面如图 7-26 所示。

表 7-24　"工作简历数据表"tb_WordResume 的字段

字段名	数据类型	说　明
ID	varchar(5)	编号
Sut_ID	varchar(5)	编号
BeginDate	datetime	开始日期
EndDate	datetime	结束日期
WordUnit	varchar(24)	工作单位
Branch	varchar(14)	工作部门
Business	varchar(14)	职务

图 7-26　"工作简历数据表"tb_WordResume 的设计界面

225

任务 7.2　企业人事管理系统详细设计

7.2.1　系统公共类设计

C#三层架构是指"客户端、服务器"架构，在此架构中用户接口、商业逻辑、数据保存以及数据访问被设计为独立的模块。它主要有 3 个层面：第一层（表现层、GUI 层）、第二层（商业对象、商业逻辑层）和第三层（数据访问层）。这些层可以单独开发、单独测试。在快速开发中重用商业逻辑组件，在系统中实现添加、更新、删除、查找客户数据的组件。

代码分层的优点有如下两点。

系统比较容易迁移。商业逻辑层与数据访问层是分离的，修改数据访问层不会影响到商业逻辑层。系统如果从用 SQL Server 存储数据迁移到用 Oracle 存储数据，并不需要修改商业逻辑层组件和 GUI 组件。

系统容易修改。假如在商业层有一个较小的修改，则不需要在用户的机器上重装整个系统。我们只需要更新商业逻辑组件就可以了。

应用程序开发人员可以并行、独立地开发单独的层。

在设计具体的功能界面之前，首先需要对系统的公共类进行设计。本系统中设计了一个数据库访问类，类名是 MyMeans.cs，用于对数据库进行查询、修改、删除和修改操作，系统中所有的数据库操作，均调用该类的方法来实现。因此，公共数据操作类的设计，增强了代码的重用性。该类的程序如代码 7-1 所示。

代码 7-1　公共数据操作类 MyMeans.cs。

```
class MyMeans
{
    #region 全局变量
    public static string Login_ID="";
    //定义全局变量,记录当前登录的用户编号
    public static string Login_Name="";
    //定义全局变量,记录当前登录的用户名
    public static string Mean_SQL="", Mean_Table="", Mean_Field="";
    //定义全局变量,记录"基础信息"各窗体中的表名及 SQL 语句
    public static SqlConnection My_con;
    //定义一个 SqlConnection 类型的公共变量 My_con,用于判断数据库是否连接成功
    public static string M_str_sqlcon="Data Source=.; Initial Catalog=renshi;
    Integrated Security=SSPI";
    public static int Login_n=0;            //用户登录与重新登录的标识
    public static string AllSql="Select * from tb_Stuffbusic";
    //存储职工基本信息表中的 SQL 语句
    //public static int res=0;
    #endregion
    #region 建立数据库连接
```

```
    //<summary>
    //建立数据库连接
    //</summary>
    //<returns>返回 SqlConnection 对象</returns>
public static SqlConnection getcon()
{
    My_con=new SqlConnection(M_str_sqlcon);
    //用 SqlConnection 对象与指定的数据库相连接
    My_con.Open();                          //打开数据库连接
    return My_con;                          //返回 SqlConnection 对象的信息
}
#endregion
#region 测试数据库是否附加成功
//<summary>
//测试数据库是否附加成功
//</summary>
public void con_open()
{
    getcon();
    //con_close();
}
#endregion
#region 关闭与数据库的连接
//<summary>
//关闭与数据库的连接
//</summary>
public void con_close()
{
    if (My_con.State==ConnectionState.Open)    //判断是否已经打开与数据库的连接
    {
        My_con.Close();                        //关闭数据库的连接
        My_con.Dispose();                      //释放 My_con 变量的所有空间
    }
}
#endregion
#region 读取指定表中的信息
//<summary>
//读取指定表中的信息
//</summary>
//<param name="SQLstr">SQL 语句</param>
//<returns>返回 bool 型</returns>
public SqlDataReader getcom(string SQLstr)
{
    getcon();                                  //打开与数据库的连接
    SqlCommand My_com=My_con.CreateCommand();
    //创建一个 SqlCommand 对象,用于执行 SQL 语句
```

227

```
        My_com.CommandText=SQLstr;                          //获取指定的 SQL 语句
        SqlDataReader My_read=My_com.ExecuteReader();
        //执行 SQL 语句,生成一个 SqlDataReader 对象
        return My_read;
    }
#endregion
#region 执行 SqlCommand 命令
//<summary>
//执行 SqlCommand 命令
//</summary>
//<param name="M_str_sqlstr">SQL 语句</param>
public void getsqlcom(string SQLstr)
    {
        getcon();                                //打开与数据库的连接
        SqlCommand SQLcom=new SqlCommand(SQLstr, My_con);
        //创建一个 SqlCommand 对象,用于执行 SQL 语句
        SQLcom.ExecuteNonQuery();                //执行 SQL 语句
        SQLcom.Dispose();                        //释放所有空间
        con_close();                             //调用 con_close()方法,关闭与数据库的连接
    }
#endregion
#region 创建一个 DataSet 对象
//<summary>
//创建一个 DataSet 对象
//</summary>
//<param name="M_str_sqlstr">SQL 语句</param>
//<param name="M_str_table">表名</param>
//<returns>返回 DataSet 对象</returns>
public DataSet getDataSet(string SQLstr, string tableName)
    {
        getcon();                                //打开与数据库的连接
        SqlDataAdapter SQLda=new SqlDataAdapter(SQLstr, My_con);
        //创建一个 SqlDataAdapter 对象,并获取指定数据表的信息
        DataSet My_DataSet=new DataSet();       //创建 DataSet 对象
        SQLda.Fill(My_DataSet, tableName);
        //通过 SqlDataAdapter 对象的 Fill()方法,将数据表信息添加到 DataSet 对象中
        con_close();                             //关闭与数据库的连接
        return My_DataSet;                       //返回 DataSet 对象的信息
        WritePrivateProfileString(string section, string key, string val, string
            filePath);
    }
#endregion
}
```

在设计了公共数据访问类之后,设计一个公共方法类,其他窗体界面常用的方法写在这个类中。其他窗体需要时会调用该类的方法,该类的程序如代码 7-2 所示(由于代码过

长,这里只展示部分代码)。

　　代码 7-2　公共方法类 MyModule.cs。

```
class MyModule
{
    #region 公共变量
    DataClass.MyMeans MyDataClass=new renshi.DataClass.MyMeans();
    //声明 MyMeans 类的一个对象,以调用其方法
    public static string ADDs="";                    //用来存储添加或修改的 SQL 语句
    public static string FindValue="";               //存储查询条件
    public static string Address_ID="";              //存储通信录添加修改时的 ID 编号
    public static string User_ID="";                 //存储用户的 ID 编号
    public static string User_Name="";               //存储用户名
    #endregion
    #region 窗体的调用
    //<summary>
    //窗体的调用
    //</summary>
    //<param name="FrmName">调用窗体的 Text 属性值</param>
    //<param name="n">标识</param>
    public void Show_Form(string FrmName, int n)
    {
        if (n==1)
        {
            if (FrmName=="人事档案浏览")            //判断当前要打开的窗体
            {
                PerForm.F_ManFile FrmManFile=new renshi.PerForm.F_ManFile();
                FrmManFile.Text="人事档案浏览";    //设置窗体名称
                FrmManFile.ShowDialog();            //显示窗体
                FrmManFile.Dispose();
            }
            if (FrmName=="人事资料查询")
            {
                PerForm.F_Find FrmFind=new renshi.PerForm.F_Find();
                FrmFind.Text="人事资料查询";
                FrmFind.ShowDialog();
                FrmFind.Dispose();
            }
            if (FrmName=="人事资料统计")
            {
                PerForm.F_Stat FrmStat=new renshi.PerForm.F_Stat();
                FrmStat.Text="人事资料统计";
                FrmStat.ShowDialog();
                FrmStat.Dispose();
            }
            if (FrmName=="员工生日提示")
            {
```

229

```csharp
    InfoAddForm.F_ClewSet FrmClewSet=new renshi.InfoAddForm.F_ClewSet();
    FrmClewSet.Text="员工生日提示";   //设置窗体名称
    FrmClewSet.Tag=1;
    //设置窗体的 Tag 属性,用于在打开窗体时判断窗体的显示类型
    FrmClewSet.ShowDialog();              //显示窗体
    FrmClewSet.Dispose();
}
if (FrmName=="员工合同提示")
{
    InfoAddForm.F_ClewSet FrmClewSet=
    new renshi.InfoAddForm.F_ClewSet();
    FrmClewSet.Text="员工合同提示";
    FrmClewSet.Tag=2;
    FrmClewSet.ShowDialog();
    FrmClewSet.Dispose();
}
if (FrmName=="日常记事")
{
    PerForm.F_WordPad FrmWordPad=new renshi.PerForm.F_WordPad();
    FrmWordPad.Text="日常记事";
    FrmWordPad.ShowDialog();
    FrmWordPad.Dispose();
}
if (FrmName=="通信录")
{
    PerForm.F_AddressList FrmAddressList = new renshi.PerForm.F_
        AddressList();
    FrmAddressList.Text="通信录";
    FrmAddressList.ShowDialog();
    FrmAddressList.Dispose();
}
if (FrmName=="备份/还原数据库")
{
    PerForm.F_HaveBack FrmHaveBack=new renshi.PerForm.F_HaveBack();
    FrmHaveBack.Text="备份/还原数据库";
    FrmHaveBack.ShowDialog();
    FrmHaveBack.Dispose();
}
if (FrmName=="清空数据库")
{
    PerForm.F_ClearData FrmClearData=new renshi.PerForm.F_ClearData();
    FrmClearData.Text="清空数据库";
    FrmClearData.ShowDialog();
    FrmClearData.Dispose();
}
if (FrmName=="重新登录")
```

```
        {
            F_Login FrmLogin=new F_Login();
            FrmLogin.Tag=2;
            FrmLogin.ShowDialog();
            FrmLogin.Dispose();
        }
        if (FrmName=="用户设置")
        {
            PerForm.F_User FrmUser=new renshi.PerForm.F_User();
            FrmUser.Text="用户设置";
            FrmUser.ShowDialog();
            FrmUser.Dispose();
        }
        if (FrmName=="计算器")
        {
            System.Diagnostics.Process.Start("calc.exe");
        }
        if (FrmName=="记事本")
        {
            System.Diagnostics.Process.Start("notepad.exe");
        }
    }
    if (n==2)
    {
        String FrmStr="";                              //记录窗体名称
        if (FrmName=="民族类别设置")                    //判断要打开的窗体
        {
            DataClass.MyMeans.Mean_SQL="select * from tb_Folk";    //SQL 语句
            DataClass.MyMeans.Mean_Table="tb_Folk";                //表名
            DataClass.MyMeans.Mean_Field="FolkName";
            //添加、修改数据的字段名
            FrmStr=FrmName;
        }
        if (FrmName=="职工类别设置")
        {
            DataClass.MyMeans.Mean_SQL="select * from tb_EmployeeGenre";
            DataClass.MyMeans.Mean_Table="tb_EmployeeGenre";
            DataClass.MyMeans.Mean_Field="EmployeeName";
            FrmStr=FrmName;
        }
        if (FrmName=="文化程度设置")
        {
            DataClass.MyMeans.Mean_SQL="select * from tb_Kultur";
            DataClass.MyMeans.Mean_Table="tb_Kultur";
            DataClass.MyMeans.Mean_Field="KulturName";
            FrmStr=FrmName;
```

```
        }
        if (FrmName=="政治面貌设置")
        {
            DataClass.MyMeans.Mean_SQL="select * from tb_Visage";
            DataClass.MyMeans.Mean_Table="tb_Visage";
            DataClass.MyMeans.Mean_Field="VisageName";
            FrmStr=FrmName;
        }
        if (FrmName=="部门类别设置")
        {
            DataClass.MyMeans.Mean_SQL="select * from tb_Branch";
            DataClass.MyMeans.Mean_Table="tb_Branch";
            DataClass.MyMeans.Mean_Field="BranchName";
            FrmStr=FrmName;
        }
        if (FrmName=="工资类别设置")
        {
            DataClass.MyMeans.Mean_SQL="select * from tb_Laborage";
            DataClass.MyMeans.Mean_Table="tb_Laborage";
            DataClass.MyMeans.Mean_Field="LaborageName";
            FrmStr=FrmName;
        }
        if (FrmName=="职务类别设置")
        {
            DataClass.MyMeans.Mean_SQL="select * from tb_Business";
            DataClass.MyMeans.Mean_Table="tb_Business";
            DataClass.MyMeans.Mean_Field="BusinessName";
            FrmStr=FrmName;
        }
        if (FrmName=="职称类别设置")
        {
            DataClass.MyMeans.Mean_SQL="select * from tb_Duthcall";
            DataClass.MyMeans.Mean_Table="tb_Duthcall";
            DataClass.MyMeans.Mean_Field="DuthcallName";
            FrmStr=FrmName;
        }
        if (FrmName=="奖惩类别设置")
        {
            DataClass.MyMeans.Mean_SQL="select * from tb_RPKind";
            DataClass.MyMeans.Mean_Table="tb_RPKind";
            DataClass.MyMeans.Mean_Field="RPKind";
            FrmStr=FrmName;
        }
        if (FrmName=="记事本类别设置")
        {
            DataClass.MyMeans.Mean_SQL="select * from tb_WordPad";
```

```
            DataClass.MyMeans.Mean_Table="tb_WordPad";
            DataClass.MyMeans.Mean_Field="WordPad";
            FrmStr=FrmName;
        }
        InfoAddForm.F_Basic FrmBasic=new renshi.InfoAddForm.F_Basic();
        FrmBasic.Text=FrmStr;                        //设置窗体名称
        FrmBasic.ShowDialog();                       //显示调用的窗体
        FrmBasic.Dispose();
        }
}
#endregion
#region 将 StatusStrip 控件中的信息添加到 TreeView 控件中
//<summary>
//读取菜单中的信息
//</summary>
//<param name="treeV">TreeView 控件</param>
//<param name="MenuS">MenuStrip 控件</param>
public void GetMenu(TreeView treeV, MenuStrip MenuS)
{
    for (int i=0; i<MenuS.Items.Count; i++)   //遍历 MenuStrip 组件中的一级菜单项
    {
        //将一级菜单项的名称添加到 TreeView 控件的根节点中,并设置当前节点的子节点
          newNode1
        TreeNode newNode1=treeV.Nodes.Add(MenuS.Items[i].Text);
        //将当前菜单项的所有相关信息存入 ToolStripDropDownItem 对象中
        ToolStripDropDownItem newmenu=(ToolStripDropDownItem)MenuS.Items[i];
        //判断当前菜单项中是否有二级菜单项
        if (newmenu.HasDropDownItems && newmenu.DropDownItems.Count>0)
        for (int j=0; j<newmenu.DropDownItems.Count; j++)         //遍历二级菜单项
        {
            //将二级菜单名称添加到 TreeView 组件的子节点 newNode1 中,并设置当前节点
              的子节点 newNode2
             TreeNode newNode2=newNode1.Nodes.Add(newmenu.DropDownItems[j].
                Text);
            //将当前菜单项的所有相关信息存入 ToolStripDropDownItem 对象中
            ToolStripDropDownItem newmenu2=
                (ToolStripDropDownItem)newmenu.DropDownItems[j];
            //判断二级菜单项中是否有三级菜单项
            if (newmenu2.HasDropDownItems && newmenu2.DropDownItems.Count>0)
            for (int p=0; p<newmenu2.DropDownItems.Count; p++) //遍历三级菜单项
            //将三级菜单名称添加到 TreeView 控件的子节点 newNode2 中
            newNode2.Nodes.Add(newmenu2.DropDownItems[p].Text);
        }
    }
}
#endregion
```

233

```
#region 自动编号
//<summary>
//在添加信息时自动计算编号
//</summary>
//<param name="TableName">表名</param>
//<param name="ID">字段名</param>
//<returns>返回 String 对象</returns>
public String GetAutocoding(string TableName, string ID)
{
    //查找指定表中 ID 号为最大的记录
    SqlDataReader MyDR=MyDataClass.getcom("select max("+ID+") NID from "+
        TableName);
    int Num=0;
    if (MyDR.HasRows)                              //当查找到记录时
    {
        MyDR.Read();                               //读取当前记录
        if (MyDR[0].ToString()=="")
        return "0001";
        Num=Convert.ToInt32(MyDR[0].ToString());
        //将当前找到的最大编号转换成整数
        ++Num;                                     //最大编号加 1
        string s=string.Format("{0:0000}", Num);   //将整数值转换成指定格式的字符串
        return s;                                  //返回自动生成的编号
    }
    else
    {
        return "0001";                             //当数据表没有记录时,返回 0001
    }
}
#endregion
#region 向 ComboBox 控件传递数据表中的数据
//<summary>
//动态向 ComboBox 控件的下拉列表添加数据
//</summary>
//<param name="cobox">ComboBox 控件</param>
//<param name="TableName">数据表名称</param>
public void CoPassData(ComboBox cobox, string TableName)
{
    cobox.Items.Clear();
    DataClass.MyMeans MyDataClsaa=new renshi.DataClass.MyMeans();
    SqlDataReader MyDR=MyDataClsaa.getcom("select * from "+TableName);
    if (MyDR.HasRows)
    {
        while (MyDR.Read())
        {
            if (MyDR[1].ToString() !="" && MyDR[1].ToString() !=null)
```

```
            cobox.Items.Add(MyDR[1].ToString());
        }
    }
}
#endregion
#region 向 ComboBox 控件传递各省市的名称
//<summary>
//动态向 ComboBox 控件的下拉列表添加省名
//</summary>
//<param name="cobox">ComboBox 控件</param>
//<param name="SQLstr">SQL 语句</param>
//<param name="n">字段位数</param>
public void CityInfo(ComboBox cobox, string SQLstr, int n)
{
    cobox.Items.Clear();
    DataClass.MyMeans MyDataClsaa=new renshi.DataClass.MyMeans();
    SqlDataReader MyDR=MyDataClsaa.getcom(SQLstr);
    if (MyDR.HasRows)
    {
        while (MyDR.Read())
        {
            if (MyDR[n].ToString() !="" && MyDR[n].ToString() !=null)
                cobox.Items.Add(MyDR[n].ToString());
        }
    }
}
#endregion
#region 将日期转换成指定的格式
//<summary>
//将日期转换成 yyyy-mm-dd 格式
//</summary>
//<param name="NDate">日期</param>
//<returns>返回 String 对象</returns>
public string Date_Format(string NDate)
{
    string sm, sd;
    int y, m, d;
    try
    {
        y=Convert.ToDateTime(NDate).Year;
        m=Convert.ToDateTime(NDate).Month;
        d=Convert.ToDateTime(NDate).Day;
    }
    catch
    {
        return "";
    }
    if (y==1900)
        return "";
    if (m<10)
        sm="0"+Convert.ToString(m);
```

```
        else
            sm=Convert.ToString(m);
        if (d<10)
            sd="0"+Convert.ToString(d);
        else
            sd=Convert.ToString(d);
        return Convert.ToString(y)+"-"+sm+"-"+sd;
    }
    #endregion
    #region 将时间转换成指定的格式
    //<summary>
    //将时间转换成 yyyy-mm-dd 格式
    //</summary>
    //<param name="NDate">日期</param>
    //<returns>返回 String 对象</returns>
    public string Time_Format(string NDate)
    {
        string sh, sm, se;
        int hh, mm, ss;
        try
        {
            hh=Convert.ToDateTime(NDate).Hour;
            mm=Convert.ToDateTime(NDate).Minute;
            ss=Convert.ToDateTime(NDate).Second;
        }
        catch
        {
            return "";
        }
        sh=Convert.ToString(hh);
        if (sh.Length<2)
            sh="0"+sh;
            sm=Convert.ToString(mm);
        if (sm.Length<2)
            sm="0"+sm;
            se=Convert.ToString(ss);
        if (se.Length<2)
            se="0"+se;
        return sh+sm+se;
    }
    #endregion
    #region 设置 MaskedTextBox 控件的格式
    //<summary>
    //将 MaskedTextBox 控件的格式设为 yyyy-mm-dd
    //</summary>
    //<param name="NDate">日期</param>
    //<param name="ID">数据表名称</param>
```

```
//<returns>返回 String 对象</returns>
public void MaskedTextBox_Format(MaskedTextBox MTBox)
{
    MTBox.Mask="0000-00-00";
    MTBox.ValidatingType=typeof(System.DateTime);
}
#endregion
}
```

7.2.2 设计制作用户登录界面 F_Login.cs

"企业人事管理系统"的管理员登录界面如图 7-27 所示。

图 7-27 "企业人事管理系统"的管理员登录界面

1. 设计界面

"企业人事管理系统"界面的设计步骤为：首先添加 3 个 Label 控件，分别用于显示标签"企业人事管理系统""用户名"和"密码"。然后添加 2 个 TextBox 控件，分别用于"用户名"和"密码"内容的输入。设置"密码"选项 TextBox 控件的 PasswordChar 属性为"＊"。最后添加 2 个 Button 控件，分别用作"登录"和"取消"按钮。

2. 编写代码

(1) 定义一个数据操作类的实例，编写程序如代码 7-3 所示。
代码 7-3 数据操作类定义实例。

```
DataClass.MyMeans MyClass=new renshi.DataClass.MyMeans();
```

(2) 双击"登录"按钮，进入该按钮的单击事件，编写程序如代码 7-4 所示。
代码 7-4 "登录"按钮的单击事件。

```
private void butLogin_Click(object sender, EventArgs e)
{
    if (textName.Text !="" & textPass.Text !="")
    {
```

237

```
SqlDataReader temDR=MyClass.getcom("select * from tb_Login where Name='"+
    textName.Text.Trim()+"' and Pass='"+textPass.Text.Trim()+"'");
bool ifcom=temDR.Read();
if (ifcom)
{
    DataClass.MyMeans.Login_Name=textName.Text.Trim();
    DataClass.MyMeans.Login_ID=temDR.GetString(0);
    DataClass.MyMeans.My_con.Close();
    DataClass.MyMeans.My_con.Dispose();
    DataClass.MyMeans.Login_n=(int)(this.Tag);
    this.Close();
}
else
{
    MessageBox.Show("用户名或密码错误!", "提示", MessageBoxButtons.OK,
        MessageBoxIcon.Information);
    textName.Text="";
    textPass.Text="";
}
MyClass.con_close();
}
else
MessageBox.Show("请将登录信息填写完整!", "提示", MessageBoxButtons.OK,
    MessageBoxIcon.Information);
}
```

7.2.3　设计制作系统管理主界面 F_Main.cs

管理员在登录界面输入正确的"用户名"和"密码"，会进入管理主界面，管理主界面可以使用系统的所有功能。"系统管理主界面"的设计界面如图 7-28 所示。

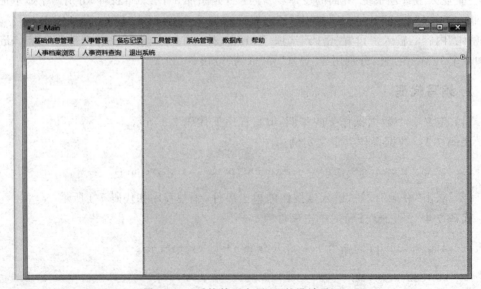

图 7-28　"系统管理主界面"的设计界面

238

1. 设计界面

"系统管理主界面"界面的设计步骤为：首先添加 1 个 menuStrip 控件，用于管理主界面的菜单目录，编辑该控件并添加三级菜单项如表 7-25 所示。

表 7-25　管理主界面的菜单项设置

一级菜单	二级菜单	三级菜单	一级菜单	二级菜单	三级菜单
基础信息管理	数据基础	民族类别设置	人事管理	人事档案浏览	无
		职工类别设置		人事资料查询	无
		文化程度设置		人事资料统计	无
		政治面貌设置	备忘记录	日常记事	无
		部门类别设置		通信录	无
		工资类别设置	工具管理	计算器	无
		职务类别设置		记事本	无
		职称类别设置	系统管理	用户设置	无
		奖惩类别设置	数据库	备份/还原数据库	无
		记事本类别设置		清空数据库	无
	员工提示信息	员工生日提示	帮助		
		员工合同提示			

再添加 1 个 toolStrip 控件，用于设置工具栏。在该控件上添加"人事档案浏览""人事资料查询"和"退出系统"3 个 Button 控件。

在界面的左侧添加 1 个 TreeView 控件，用于显示管理目录，该 TreeView 控件的显示内容与菜单项一致。设置该控件的 Anchor 属性为 Top、Left。

在界面的右侧添加 1 个 Panel 控件，用于布局界面的右侧区域。设置该控件的 Anchor 属性为 Top、Left。

2. 编写代码

(1) 定义公共数据访问类的实例和公共方法类的实例，程序如代码 7-5 所示。

代码 7-5　公共数据访问类的实例和公共方法类的实例。

```
DataClass.MyMeans MyClass=new renshi.DataClass.MyMeans();
ModuleClass.MyModule MyMenu=new renshi.ModuleClass.MyModule();
```

(2) 编写窗体的 Form_Load 事件 F_Main_Load，程序如代码 7-6 所示。

代码 7-6　窗体的 Form_Load 事件 F_Main_Load。

```
private void F_Main_Load(object sender, EventArgs e)
{
```

```
        F_Login FrmLogin=new F_Login();              //声时登录窗体,进行调用
        FrmLogin.Tag=1;                       //将登录窗体的 Tag 属性设为 1,表示调用的是登录窗体
        FrmLogin.ShowDialog();
        FrmLogin.Dispose();
        //当调用的是登录窗体时
        if (DataClass.MyMeans.Login_n==1)
        {
            Preen_Main();                         //自定义方法,通过权限对窗体进行初始化
            MyMenu.PactDay(1);
            //MyModule 类中的自定义方法,用于查找指定时间内过生日的职工
            MyMenu.PactDay(2);
            //MyModule 类中的自定义方法,用于查找合同到期的职工
        }
        DataClass.MyMeans.Login_n=3;          //将公共变量设为 3,便于控制登录窗体的关闭
    }
```

（3）在代码 7-6 中调用了 Preen_Main()方法,用于对窗体进行初始化,编写该方法的程序,程序如代码 7-7 所示。

代码 7-7 Preen_Main()方法。

```
#region 通过权限对主窗体进行初始化
//<summary>
//对主窗体初始化
//</summary>
private void Preen_Main()
{
    treeView1.Nodes.Clear();
    MyMenu.GetMenu(TreeView1, menuStrip1);
    //调用公共类 MyModule 下的 GetMenu()方法,将 menuStrip1 控件的子菜单添加到
        TreeView1 控件中
    MyMenu.MainMenuF(menuStrip1);            //将菜单栏中的各子菜单项设为不可用状态
    MyMenu.MainPope(menuStrip1, DataClass.MyMeans.Login_Name);
    //根据权限设置相应子菜单的可用状态
    MessageBox.Show("sss");
}
#endregion
```

（4）编写 TreeView 控件的 NodeMouseClick 事件,程序如代码 7-8 所示。

代码 7-8 TreeView 控件的 NodeMouseClick 事件。

```
private void TreeView1_NodeMouseClick(object sender, TreeNodeMouseClickEventArgs e)
{
    if (e.Node.Text.Trim()=="系统退出")          //如果当前节点的文本为"系统退出"
    {
        Application.Exit();                      //关闭整个工程
    }
    MyMenu.TreeMenuF(menuStrip1, e);
    //用 MyModule 公共类中的 TreeMenuF()方法调用各窗体
}
```

（5）编写菜单项的单击事件，其中"基础信息管理"→"数据基础"下的三级菜单项如图 7-29 所示。编写菜单项"民族类别设置"的事件，程序如代码 7-9 所示；编写菜单项"职工类别设置"的事件，程序如代码 7-10 所示；编写菜单项"文化程度设置"的事件，程序如代码 7-11 所示；编写菜单项"政治面貌设置"的事件，程序如代码 7-12 所示；编写菜单项"部门类别设置"的事件，程序如代码 7-13 所示；编写菜单项"工资类别设置"的事件，程序如代码 7-14 所示；编写菜单项"职务类别设置"的事件，程序如代码 7-15 所示；编写菜单项"职称类别设置"

图 7-29　"数据基础"下的三级菜单

的事件，程序如代码 7-16 所示；编写菜单项"奖惩类别设置"的事件，程序如代码 7-17 所示；编写菜单项"记事本类别设置"的事件，程序如代码 7-18 所示。

代码 7-9　菜单项"民族类别设置"的事件。

```
public void Tool_Folk_Click(object sender, EventArgs e)
{
    MyMenu.Show_Form(sender.ToString().Trim(), 2);
}
```

代码 7-10　菜单项"职工类别设置"的事件。

```
public void Tool_Folk_Click(object sender, EventArgs e)
{
    MyMenu.Show_Form(sender.ToString().Trim(), 2);
}
```

代码 7-11　菜单项"文化程度设置"的事件。

```
public void Tool_Folk_Click(object sender, EventArgs e)
{
    MyMenu.Show_Form(sender.ToString().Trim(), 2);
}
```

代码 7-12　菜单项"政治面貌设置"的事件。

```
private void Tool_Visage_Click(object sender, EventArgs e)
{
    MyMenu.Show_Form(sender.ToString().Trim(), 2);
}
```

代码 7-13　菜单项"部门类别设置"的事件。

```
public void Tool_Folk_Click(object sender, EventArgs e)
```

```
{
    MyMenu.Show_Form(sender.ToString().Trim(), 2);
}
```

代码 7-14 菜单项"工资类别设置"的事件。

```
public void Tool_Folk_Click(object sender, EventArgs e)
{
    MyMenu.Show_Form(sender.ToString().Trim(), 2);
}
```

代码 7-15 菜单项"职务类别设置"的事件。

```
public void Tool_Folk_Click(object sender, EventArgs e)
{
    MyMenu.Show_Form(sender.ToString().Trim(), 2);
}
```

代码 7-16 菜单项"职称类别设置"的事件。

```
public void Tool_Folk_Click(object sender, EventArgs e)
{
    MyMenu.Show_Form(sender.ToString().Trim(), 2);
}
```

代码 7-17 菜单项"奖惩类别设置"的事件。

```
public void Tool_Folk_Click(object sender, EventArgs e)
{
    MyMenu.Show_Form(sender.ToString().Trim(), 2);
}
```

代码 7-18 菜单项"记事本类别设置"的事件。

```
public void Tool_Folk_Click(object sender, EventArgs e)
{
    MyMenu.Show_Form(sender.ToString().Trim(),2);
}
```

编写"基础信息管理"→"员工提示信息"下的三级菜单项的事件,该菜单项的三级菜单的设计界面如图 7-30 所示。编写菜单项"员工生日提示"的事件,程序如代码 7-19 所示;编写菜单项"员工合同提示"的事件,程序如代码 7-20 所示。

代码 7-19 菜单项"员工生日提示"的事件。

```
private void Tool_ClewBirthday_Click(object sender, EventArgs e)
{
    MyMenu.Show_Form(sender.ToString().Trim(),1);
}
```

代码 7-20　菜单项"员工合同提示"的事件。

```
private void Tool_ClewBargain_Click(object sender,EventArgs e)
{
    MyMenu.Show_Form(sender.ToString().Trim(),1);
}
```

编写"人事管理"菜单项的事件,该菜单项的二级菜单的设计界面如图 7-31 所示。编写菜单项"人事档案浏览"的事件,程序如代码 7-21 所示;编写菜单项"人事资料查询"的事件,程序如代码 7-22 所示;编写菜单项"人事资料统计"的事件,程序如代码 7-23 所示。

图 7-30　"员工提示信息"菜单项的设计界面

图 7-31　"人事管理"菜单项的设计界面

代码 7-21　菜单项"人事档案浏览"的事件。

```
private void Tool_Stuffbusic_Click(object sender,EventArgs e)
{
    MyMenu.Show_Form(sender.ToString().Trim(),1);
    //用 MyModule 公共类中的 Show_Form()方法调用各窗体
}
```

代码 7-22　菜单项"人事资料查询"的事件。

```
private void Tool_Stufind_Click(object sender,EventArgs e)
{
    MyMenu.Show_Form(sender.ToString().Trim(),1);
}
```

代码 7-23　菜单项"人事资料统计"的事件。

```
private void Tool_Stusum_Click(object sender,EventArgs e)
{
    MyMenu.Show_Form(sender.ToString().Trim(),1);
}
```

编写"备忘记录"菜单项的事件,该菜单项的二级菜单的设计界面如图 7-32 所示。编写菜单项"日常记事"的事件,程序如代码 7-24 所示;编写菜单项"通信录"的事件,程序如代码 7-25 所示。

代码 7-24　菜单项"日常记事"的事件。

```
private void Tool_DayWordPad_Click(object sender,EventArgs e)
{
    MyMenu.Show_Form(sender.ToString().Trim(),1);
}
```

图 7-32 "备忘记录"菜单项的设计界面

代码 7-25 菜单项"通信录"的事件。

```
private void 通信录 ToolStripMenuItem_Click(object sender,EventArgs e)
{
    MyMenu.Show_Form(sender.ToString().Trim(),1);
}
```

编写"工具管理"菜单项的事件，该菜单项的二级菜单的设计界面如图 7-33 所示。编写菜单项"计算器"的事件，程序如代码 7-26 所示；编写菜单项"记事本"的事件，程序如代码 7-27 所示。

图 7-33 "工具管理"菜单项的设计界面

代码 7-26　菜单项"计算器"的事件。

```
private void 计算器 ToolStripMenuItem_Click(object sender,EventArgs e)
{
    MyMenu.Show_Form(sender.ToString().Trim(),1);
}
```

代码 7-27　菜单项"记事本"的事件。

```
private void 记事本 ToolStripMenuItem_Click(object sender,EventArgs e)
{
    MyMenu.Show_Form(sender.ToString().Trim(),1);
}
```

编写"系统管理"菜单项的事件,该菜单项的二级菜单的设计界面如图 7-34 所示。编写菜单项"用户设置"的事件,程序如代码 7-28 所示。

图 7-34　"系统管理"菜单项的设计界面

代码 7-28　菜单项"用户设置"的事件。

```
private void 用户设置 ToolStripMenuItem_Click(object sender,EventArgs e)
{
    MyMenu.Show_Form(sender.ToString().Trim(),1);
}
```

编写"数据库"菜单项的事件,该菜单项的二级菜单的设计界面如图 7-35 所示。编写菜单项"备份/还原数据库"的事件,程序如代码 7-29 所示;编写菜单项"清空数据库"的事件,程序如代码 7-30 所示。

图 7-35　"数据库"菜单项的设计界面

代码 7-29　菜单项"备份/还原数据库"的事件。

```
private void Tool_Back_Click(object sender,EventArgs e)
{
    MyMenu.Show_Form(sender.ToString().Trim(),1);
}
```

代码 7-30 菜单项"清空数据库"的事件。

```
private void Tool_Clear_Click(object sender,EventArgs e)
{
    MyMenu.Show_Form(sender.ToString().Trim(),1);
}
```

（6）编写工具按钮 toolStrip 控件的事件。"工具按钮"的设计界面如图 7-36 所示。在该控件上添加三项按钮，分别是"人事档案

图 7-36 "工具按钮"的设计界面

浏览""人事资料查询"和"退出系统"。编写"人事档案浏览"按钮的事件，程序如代码 7-31 所示；编写"人事资料查询"按钮的事件，程序如代码 7-32 所示；编写"退出系统"按钮的事件，程序如代码 7-33 所示。

代码 7-31 "人事档案浏览"按钮的事件。

```
private void Button_Stuffbusic_Click(object sender,EventArgs e)
{
    if (Tool_Stuffbusic.Enabled==true)
        Tool_Stuffbusic_Click(sender,e);
    else
        MessageBox.Show("当前用户无权限调用"+"\""+((ToolStripButton)sender).Text
            +"\""+"窗体");
}
```

代码 7-32 "人事资料查询"按钮的事件。

```
private void Button_Stufind_Click(object sender,EventArgs e)
{
    if (Tool_Stufind.Enabled==true)
    Tool_Stufind_Click(sender,e);
    else
        MessageBox.Show("当前用户无权限调用"+"\""+((ToolStripButton)sender).Text
            +"\""+"窗体");
}
```

代码 7-33 "退出系统"按钮的事件。

```
private void Button_Close_Click(object sender,EventArgs e)
{
  this.Close();
}
```

7.2.4 设计制作数据基础设置界面 F_Basic.cs

"数据基础"菜单的设计界面如图 7-37 所示。单击"数据基础"菜单的三级菜单之后，所打开的界面对应着同一个窗体。该窗体的作用是对不同的数据表进行管理，如添加、修改、删除等操作，该窗体的设计界面如图 7-38 所示。

图 7-37　"数据基础"菜单的设计界面

图 7-38　"数据基础"管理窗体的设计界面

1. 设计界面

"数据基础"管理窗体界面的设计步骤为：首先添加 3 个 GroupBox 控件，分别用于"基本信息""相关操作"和"输入添加\修改的信息"三部分信息的布局用。然后在"基本信息"部分添加 1 个 ListBox 控件，用于显示"基本信息"的内容；在"相关操作"部分添加 5 个 Button 控件，分别作为"添加""修改""删除""取消"和"退出"按钮；在"输入添加\修改的信息"部分添加 1 个 TextBox 控件，用于接收输入的信息。

2. 编写代码

（1）定义该窗体的公共变量，编写程序如代码 7-34 所示。

代码 7-34　窗体的公共变量。

```
DataClass.MyMeans MyDClass=new renshi.DataClass.MyMeans();
public static string reField="";                    //记录要修改的字段
public static int indvar=-1;
```

（2）编写窗体的 Form_Load 事件 F_Basic_Load，程序如代码 7-35 所示。

代码 7-35　窗体的 Form_Load 事件 F_Basic_Load。

```
private void F_Basic_Load(object sender,EventArgs e)
{
    listBox1.Items.Clear();
    DataSet My _ Set = MyDClass. getDataSet ( DataClass. MyMeans. Mean _ SQL,
        DataClass.MyMeans.Mean_Table);
    if (My_Set.Tables[0].Rows.Count>0)
    for (int i=0; i<My_Set.Tables[0].Rows.Count; i++)
    {
        listBox1.Items.Add(My_Set.Tables[0].Rows[i][1].ToString());
    }
}
```

247

（3）双击"添加"按钮，进入该按钮的单击事件，编写程序如代码 7-36 所示。

代码 7-36 "添加"按钮的单击事件。

```
private void button1_Click(object sender,EventArgs e)
{
    bool t=false;
    string temField="";
    if (textBox1.Text !="")
    {
        temField=textBox1.Text.Trim();
        SqlDataReader temDR = MyDClass. getcom ( " select * from " + DataClass.
            MyMeans.Mean_Table. Trim ( ) +" where " + DataClass. MyMeans. Mean_
            Field.Trim()+"='"+temField+"'");
        t=temDR.Read();
        if (t==false)
        {
            MyDClass.getsqlcom("insert into "+DataClass.MyMeans.Mean_Table.
                Trim()+"("+DataClass.MyMeans.Mean_Field.Trim()+") values("+
                '"+temField+"'"+")");
            listBox1.Items.Add(textBox1.Text.Trim());
            textBox1.Text="";
        }
    }
}
```

（4）双击"修改"按钮，进入该按钮的单击事件，编写程序如代码 7-37 所示。

代码 7-37 "修改"按钮的单击事件。

```
private void button2_Click(object sender,EventArgs e)
{
    bool t=false;
    string temField="";
    if (textBox1.Text !="")
    {
        temField=textBox1.Text.Trim();
        SqlDataReader temDR = MyDClass. getcom ( " select * from " + DataClass.
            MyMeans.Mean_Table. Trim ( ) +" where " + DataClass. MyMeans. Mean_
            Field.Trim()+"='"+reField+"'");
        t=temDR.Read();
        if (t==true)
        {
            temField=temDR[0].ToString();
            MyDClass.getsqlcom("update "+DataClass.MyMeans.Mean_Table.Trim()
                +"set"+DataClass.MyMeans.Mean_Field.Trim()+"='"+textBox1.Text.
                Trim()+"'where ID='"+temField+"'");
            if (indvar>=0)
            listBox1.Items[indvar]=(textBox1.Text.Trim());
            textBox1.Text="";
        }
```

```
    }
    button4_Click(sender,e);
}
```

(5) 双击"删除"按钮,进入该按钮的单击事件,编写程序如代码 7-38 所示。

代码 7-38 "删除"按钮的单击事件。

```
private void button3_Click(object sender,EventArgs e)
{
    if (reField !="" & indvar>=0)
    {
        MyDClass.getsqlcom("delete from "+DataClass.MyMeans.Mean_Table.Trim
            ()+"where"+DataClass.MyMeans.Mean_Field.Trim()+"='"+reField+"
            '");
        listBox1.Items.Remove(listBox1.Items[listBox1.SelectedIndex]);
        listBox1.SelectedIndex=-1;
    }
    button4_Click(sender,e);
}
```

(6) 双击"取消"按钮,进入该按钮的单击事件,编写程序如代码 7-39 所示。

代码 7-39 "取消"按钮的单击事件。

```
private void button4_Click(object sender,EventArgs e)
{
    button2.Enabled=false;
    button3.Enabled=false;
}
```

(7) 双击"退出"按钮,进入该按钮的单击事件,编写程序如代码 7-40 所示。

代码 7-40 "退出"按钮的单击事件。

```
private void button5_Click(object sender,EventArgs e)
{
    this.Close();
}
```

(8) 编写 listBox 控件的 SelectedValueChanged 事件 listBox1_SelectedValueChanged,程序如代码 7-41 所示。

代码 7-41 listBox 控件的 SelectedValueChanged 事件。

```
private void listBox1_SelectedValueChanged(object sender,EventArgs e)
{
    if (listBox1.SelectedIndex>=0)
    {
        reField=listBox1.SelectedItem.ToString();
        indvar=listBox1.SelectedIndex;
        button2.Enabled=true;
        button3.Enabled=true;
    }
}
```

7.2.5 设计制作设置提示日期界面 F_ClewSet.cs

"设置提示日期"界面是对员工生日和员工合同进行日期提示，设计界面如图 7-39 所示。

图 7-39 "设置提示日期"的设计界面

1. 设计界面

"设置提示日期"界面的设计步骤为：首先添加 1 个 GroupBox 控件，设置该控件的 Text 属性为"设置提示日期"。然后添加 1 个 Label 控件，用于显示"提前"标签。再添加 1 个 numericUpDown 控件，用于微调数字。再添加 1 个 CheckBox 控件，用于确认是否应用提示框。最后添加 2 个 Button 控件，分别用作"保存"和"取消"按钮。

2. 编写代码

（1）定义该窗体的公共变量，如代码 7-42 所示。

代码 7-42 定义该窗体的公共变量。

```
DataClass.MyMeans MyDataClass=new renshi.DataClass.MyMeans();
```

（2）编写窗体的 Form_Load 事件 F_ClewSet_Load，程序如代码 7-43 所示。

代码 7-43 窗体的 Form_Load 事件 F_ClewSet_Load。

```
private void F_ClewSet_Load(object sender,EventArgs e)
{
    SqlDataReader SQLDR=MyDataClass.getcom("Select * from tb_Clew where Kind="
        +this.Tag);
    if (SQLDR.Read())
    {
        if ((int)SQLDR[3]==0)
        checkBox1.Checked=false;
        else
        checkBox1.Checked=true;
        numericUpDown1.Value=(int)SQLDR[1];
    }
}
```

（3）双击"保存"按钮，进入该按钮的单击事件，编写程序如代码 7-44 所示。

代码 7-44 "保存"按钮的单击事件。

```
private void button1_Click(object sender,EventArgs e)
{
    int Un=0;
    if (checkBox1.Checked==true)
```

```
        Un=1;
    else
        Un=0;
    MyDataClass.getsqlcom("update tb_Clew set Fate="+numericUpDown1.Value+",
        Unlock="+Un+" where Kind="+this.Tag);
}
```

（4）编写 CheckBox 控件的 CheckChanged 事件 checkBox1_CheckedChanged，程序如代码 7-45 所示。

代码 7-45　CheckBox 控件的 CheckChanged 事件。

```
private void checkBox1_CheckedChanged(object sender,EventArgs e)
{
    bool Tbool=true;
    if (checkBox1.Checked==true)
        Tbool=true;
    else
        Tbool=false;
    groupBox1.Enabled=Tbool;
}
```

7.2.6　设计制作人事档案管理界面 F_ManFile.cs

人事档案管理是企业人事管理系统的核心功能，其功能是对员工的人事信息进行管理。人事档案管理的功能包括：分类查询、浏览上一条或下一条信息、显示员工人事信息、员工照片管理、职工基本信息管理、工作简历管理、家庭关系管理、培训记录管理、奖惩记录管理、个人简历管理等。"人事档案管理"的设计界面如图 7-40 所示。

图 7-40　"人事档案管理"的设计界面

1. 设计界面

"人事档案管理"界面的设计步骤为：首先添加5个GroupBox控件，用于整个界面的布局，这5个GroupBox控件分别用于"分类查询""浏览按钮""显示所有信息""职工基本信息"和"添加/删除"按钮的布局。

（1）在"分类查询"部分，添加2个Label控件，用于"查询类型"和"查询条件"标签的显示。然后添加2个ComboBox控件，设置第一个ComboBox控件的Items属性如图7-41所示。

（2）在"浏览按钮"部分，添加4个Button控件，分别作为"第一条""上一条""下一条"和"最后条"按钮，分别用于查询对应条的数据。

图7-41　ComboBox控件的Items属性的设置

（3）在"显示所有信息"部分，添加1个Button控件，用作"显示所有信息"按钮。然后添加1个dataGridView控件，用于显示职工信息。单击dataGridView控件右上角的智能标签，先编辑列，如图7-42所示，然后选择"启动添加""启动编辑""启动删除"选项，如图7-43所示。

图7-42　dataGridView控件的"编辑列"对话框

最后添加1个Label控件，1个TextBox控件，用于显示当前记录。

（4）在"职工基本信息"部分，添加1个TabControl控件，编辑该控件的TabPages属性，添加"职工基本信息""工作简历""家庭关系""培训记录""奖惩记录"和"个人简历"共6个选项卡，编辑选项卡属性的界面如图7-44所示。

图 7-43　dataGridView 控件的列的属性编辑界面

图 7-44　TabControl 控件的选项卡的属性编辑界面

在"职工基本信息"选项卡中,设计界面如图 7-45 所示。

图 7-45　"职工基本信息"选项卡的设计界面

在"工作简历"选项卡中，设计界面如图 7-46 所示。

图 7-46 "工作简历"选项卡的设计界面

在"家庭关系"选项卡中，设计界面如图 7-47 所示。

图 7-47 "家庭关系"选项卡的设计界面

在"培训记录"选项卡中，设计界面如图 7-48 所示。

在"奖惩记录"选项卡中，设计界面如图 7-49 所示。

图 7-48 "培训记录"选项卡的设计界面

图 7-49 "奖惩记录"选项卡的设计界面

在"个人简历"选项卡中,设计界面如图 7-50 所示。

(5)在"添加/删除按钮"部分,添加 6 个 Button 按钮,分别用作"Word 文档""添加""修改""删除""取消"和"保存"按钮。

2. 编写代码

(1)定义窗体的公共变量,编写程序如代码 7-46 所示。

图 7-50 "个人简历"选项卡的设计界面

代码 7-46 定义窗体的公共变量。

```
#region 当前窗体的所有公共变量
DataClass.MyMeans MyDataClass=new RENSHI.DataClass.MyMeans();
ModuleClass.MyModule MyMC=new RENSHI.ModuleClass.MyModule();
public static DataSet MyDS_Grid;
public static string tem_Field="";
public static string tem_Value="";
public static string tem_ID="";
public static int hold_n=0;
public static byte[] imgBytesIn;              //用来存储图片的二进制数
public static int Ima_n=0;                    //判断是否对图片进行操作
public static string Part_ID="";              //存储数据表的 ID 信息
#endregion
```

（2）编写窗体的 Form_Load 事件 F_ManFile_Load，程序如代码 7-47 所示。

代码 7-47 窗体的 Form_Load 事件 F_ManFile_Load。

```
private void F_ManFile_Load(object sender,EventArgs e)
{
    //用 dataGridView1 控件显示职工的名称
    MyDS _ Grid = MyDataClass. getDataSet ( DataClass. MyMeans. AllSql," tb _
        Stuffbusic");
    dataGridView1.DataSource=MyDS_Grid.Tables[0];
    dataGridView1.AutoGenerateColumns=true;        //判断是否自动创建列
    dataGridView1.Columns[0].Width=60;
    dataGridView1.Columns[1].Width=80;
    for (int i=2; i<dataGridView1.ColumnCount; i++)
    //隐藏 dataGridView1 控件中不需要的列字段
    {
```

256

```
                dataGridView1.Columns[i].Visible=false;
        }
        MyMC.MaskedTextBox_Format(S_3);                    //指定 MaskedTextBox 控件的格式
        MyMC.MaskedTextBox_Format(S_10);
        MyMC.MaskedTextBox_Format(S_21);
        MyMC.MaskedTextBox_Format(S_27);
        MyMC.MaskedTextBox_Format(S_28);
        MyMC.CoPassData(S_2,"tb_Folk");                    //向"民族类别"列表框中添加信息
        MyMC.CoPassData(S_5,"tb_Kultur");                  //向"文化程度"列表框中添加信息
        MyMC.CoPassData(S_8,"tb_Visage");                  //向"政治面貌"列表框中添加信息
        MyMC.CoPassData(S_12,"tb_EmployeeGenre");          //向"职工类别"列表框中添加信息
        MyMC.CoPassData(S_13,"tb_Business");               //向"职务类别"列表框中添加信息
        MyMC.CoPassData(S_14,"tb_Laborage");               //向"工资类别"列表框中添加信息
        MyMC.CoPassData(S_15,"tb_Branch");                 //向"部门类别"列表框中添加信息
        MyMC.CoPassData(S_16,"tb_Duthcall");               //向"职称类别"列表框中添加信息
        MyMC.CityInfo(S_23,"select distinct beaware from tb_City",0);
        S_23.AutoCompleteMode=AutoCompleteMode.SuggestAppend;
        //使 S_BeAware 控件具有查询功能
        S_23.AutoCompleteSource=AutoCompleteSource.ListItems;
        textBox1.Text=Grid_Inof(dataGridView1);            //显示职工信息表的首记录
        DataClass.MyMeans.AllSql="Select * from tb_Stuffbusic";
    }
```

（3）编写 dataGridView 数据显示控件的 CellEnter 事件 dataGridView1_CellEnter，程序如代码 7-48 所示。

代码 7-48　dataGridView 数据显示控件的 CellEnter 事件 dataGridView1_CellEnter。

```
private void dataGridView1_CellEnter(object sender,dataGridViewCellEventArgs
    e)
{
    try
    {
        if (dataGridView1.CurrentCell.RowIndex>-1)
        {
            textBox1.Text=Grid_Inof(dataGridView1);    //显示职工信息表的当前记录
            MyMC.Ena_Button(N_First,N_Previous,N_Next,N_Cauda,1,1,1,1);
            //使窗体中的编辑按钮可用
            //获取工作简历表中的信息
            DataSet WDset=MyDataClass.getDataSet("select Sut_ID,ID,BeginDate
                as 开始时间,EndDate as 结束时间,Branch as 部门,Business as 职务,
                WordUnit as 工作单位 from tb_WordResume where Sut_ID='"+tem_ID
                +"'","tb_WordResume");
            MyMC.Correlation_Table(WDset,dataGridView2);
                                //将 WDset 存储的信息显示在 dataGridView2 控件中
            if (WDset.Tables[0].Rows.Count<1)              //当 WDset 中没有信息时
            //清空相应的控件
                MyMC.Clear_Grids(WDset.Tables[0].Columns.Count,groupBox7.
                    Controls,"Word_");
            //获取家庭关系表中的信息
```

```
                DataSet FDset = MyDataClass. getDataSet ( " select  Sut _ ID, ID,
                    LeaguerName as 家庭成员名称,Nexus as 与本人的关系,BirthDate as 出
                    生日期,WordUnit as 工作单位,Business as 职务,Visage as 政治面貌,
                    Phone as 电话 from tb_Family where Sut_ID='"+tem_ID+"'","tb_
                    Family");
                MyMC.Correlation_Table(FDset,dataGridView3);
                if (FDset.Tables[0].Rows.Count<1)
                    MyMC. Clear_Grids (FDset. Tables [0]. Columns. Count, groupBox10.
                        Controls,"Famity_");
                //获取工作简历表中的信息
                DataSet TDset = MyDataClass. getDataSet ( " select  Sut _ ID, ID,
                    TrainFashion as 培训方式,BeginDate as 培训开始时间,EndDate as 培训
                    结束时间,Speciality as 培训专业,TrainUnit as 培训单位,KulturMemo
                    as 培训内容,Charge as 费用,Effect as 效果 from tb_TrainNote where
                    Sut_ID='"+tem_ID+"'","tb_TrainNote");
                MyMC.Correlation_Table(TDset,dataGridView4);
                if (TDset.Tables[0].Rows.Count<1)
                    MyMC. Clear_Grids (TDset. Tables [0]. Columns. Count, groupBox12.
                        Controls,"TrainNote_");
                //获取奖惩记录表中的信息
                DataSet RDset=MyDataClass.getDataSet("select Sut_ID,ID,RPKind as
                    奖惩种类,RPDate as 奖惩时间,SealMan as 批准人,QuashDate as 撤销时
                    间,QuashWhys as 撤销原因 from tb_RANDP where Sut_ID='"+tem_ID+"
                    '","tb_RANDP");
                MyMC.Correlation_Table(RDset,dataGridView5);
                if (RDset.Tables[0].Rows.Count<1)
                    MyMC. Clear_Grids (RDset. Tables [0]. Columns. Count, groupBox14.
                        Controls,"RANDP_");
                //获取个人简历表中的信息
                SqlDataReader Read_Memo = MyDataClass. getcom ( " Select * from tb_
                    Individual where ID='"+tem_ID+"'");
                if (Read_Memo.Read())
                Ind_Mome.Text=Read_Memo[1].ToString();
                else
                Ind_Mome.Clear();
            }
        }
    catch {}
}
```

（4）编写"查询类型"ComboBox 控件的 TextChanged 事件，程序如代码 7-49 所示。

代码 7-49 "查询类型"ComboBox 控件的 TextChanged 事件。

```
private void ComboBox1_TextChanged(object sender,EventArgs e)
{
    switch (ComboBox1.SelectedIndex)          //向 ComboBox2 控件中添加相应的查询条件
    {
        case 0:
        {
            MyMC. CityInfo (ComboBox2," select  distinct  StuffName  from  tb_
```

```
            Stuffbusic",0);                //职工姓名
    tem_Field="StuffName";
    break;
}
case 1:                                    //性别
{
    ComboBox2.Items.Clear();
    ComboBox2.Items.Add("男");
    ComboBox2.Items.Add("女");
    tem_Field="Sex";
    break;
}
case 2:
{
    MyMC.CoPassData(ComboBox2,"tb_Folk");            //民族类别
    tem_Field="Folk";
    break;
}
case 3:
{
    MyMC.CoPassData(ComboBox2,"tb_Kultur");          //文化程度
    tem_Field="Kultur";
    break;
}
case 4:
{
    MyMC.CoPassData(ComboBox2,"tb_Visage");          //政治面貌
    tem_Field="Visage";
    break;
}
case 5:
{
    MyMC.CoPassData(ComboBox2,"tb_EmployeeGenre");   //职工类别
    tem_Field="Employee";
    break;
}
case 6:
{
    MyMC.CoPassData(ComboBox2,"tb_Business");        //职务类别
    tem_Field="Business";
    break;
}
case 7:
{
    MyMC.CoPassData(ComboBox2,"tb_Branch");          //部门类别
    tem_Field="Branch";
    break;
}
case 8:
```

```
        {
            MyMC.CoPassData(ComboBox2,"tb_Duthcall");              //职称类别
            tem_Field="Duthcall";
            break;
        }
        case 9:
        {
            MyMC.CoPassData(ComboBox2,"tb_Laborage");              //工资类别
            tem_Field="Laborage";
            break;
        }
    }
}
```

（5）编写"查询条件"ComboBox 控件的 TextChanged 事件，程序如代码 7-50 所示。

代码 7-50　"查询条件"ComboBox 控件的 TextChanged 事件。

```
private void comboBox2_TextChanged(object sender,EventArgs e)
{
    try
    {
        tem_Value=ComboBox2.SelectedItem.ToString();
        Condition_Lookup(tem_Value);
    }
    catch
    {
        ComboBox2.Text="";
        MessageBox.Show("只能以选择方式查询。");
    }
}
```

（6）双击"第一条"按钮，进入该按钮的单击事件，将显示第一条员工信息，编写程序如代码 7-51 所示。

代码 7-51　"第一条"按钮的单击事件。

```
private void N_First_Click(object sender,EventArgs e)
{
    try
    {
        int ColInd=0;
        if ( dataGridView1. CurrentCell. ColumnIndex = = - 1 || dataGridView1.
            CurrentCell.ColumnIndex>1)
            ColInd=0;
        else
            ColInd=dataGridView1.CurrentCell.ColumnIndex;
        if ((((Button)sender).Name)=="N_First")
        {
            dataGridView1.CurrentCell=this.dataGridView1[ColInd,0];
            MyMC.Ena_Button(N_First,N_Previous,N_Next,N_Cauda,0,0,1,1);
```

```
        }
        if ((((Button)sender).Name)=="N_Previous")
        {
            if (dataGridView1.CurrentCell.RowIndex==0)
            {
                MyMC.Ena_Button(N_First,N_Previous,N_Next,N_Cauda,0,0,1,1);
            }
            else
            {
                dataGridView1.CurrentCell=this.dataGridView1[ColInd,
                    dataGridView1.CurrentCell.RowIndex-1];
                MyMC.Ena_Button(N_First,N_Previous,N_Next,N_Cauda,1,1,1,1);
            }
        }
    if ((((Button)sender).Name)=="N_Next")
    {
        if(dataGridView1.CurrentCell.RowIndex==dataGridView1.RowCount-2)
        {
            MyMC.Ena_Button(N_First,N_Previous,N_Next,N_Cauda,1,1,0,0);
        }
        else
        {
            dataGridView1.CurrentCell=this.dataGridView1[ColInd,
                dataGridView1.CurrentCell.RowIndex+1];
            MyMC.Ena_Button(N_First,N_Previous,N_Next,N_Cauda,1,1,1,1);
        }
    }
        if ((((Button)sender).Name)=="N_Cauda")
        {
            dataGridView1.CurrentCell=this.dataGridView1[ColInd,
                dataGridView1.RowCount-2];
            MyMC.Ena_Button(N_First,N_Previous,N_Next,N_Cauda,1,1,0,0);
        }
    }
    catch {}
}
```

(7) 双击"上一条"按钮,进入该按钮的单击事件,编写程序如代码 7-52 所示。

代码 7-52 "上一条"按钮的单击事件。

```
private void N_Previous_Click(object sender,EventArgs e)
{
    N_First_Click(sender,e);
}
```

(8) 双击"下一条"按钮,进入该按钮的单击事件,编写程序如代码 7-53 所示。

代码 7-53 "下一条"按钮的单击事件。

```
private void N_Next_Click(object sender,EventArgs e)
{
    N_First_Click(sender,e);
}
```

（9）双击"最后条"按钮，进入该按钮的单击事件，编写程序如代码 7-54 所示。

代码 7-54 "最后条"按钮的单击事件。

```
private void N_Cauda_Click(object sender,EventArgs e)
{
    N_First_Click(sender,e);
}
```

（10）双击"显示所有信息"按钮，进入该按钮的单击事件，编写程序如代码 7-55 所示。

代码 7-55 "显示所有信息"按钮的单击事件。

```
private void button1_Click(object sender,EventArgs e)
{
    //用 dataGridView1 控件显示职工的名称
    MyDS _ Grid = MyDataClass. getDataSet ( DataClass. MyMeans. AllSql," tb _
        Stuffbusic");
    dataGridView1.DataSource=MyDS_Grid.Tables[0];
    dataGridView1.AutoGenerateColumns=true;           //是否自动创建列
    dataGridView1.Columns[0].Width=60;
    dataGridView1.Columns[1].Width=80;
    for (int i=2; i<dataGridView1.ColumnCount; i++)
    //隐藏 dataGridView1 控件中不需要的列字段
    {
        dataGridView1.Columns[i].Visible=false;
    }
}
```

（11）双击"选择图片"按钮，进入该按钮的单击事件，编写程序如代码 7-56 所示。

代码 7-56 "选择图片"按钮的单击事件。

```
private void Img_Save_Click(object sender,EventArgs e)
{
    Read_Image(openFileDialog1,S_Photo);
    Ima_n=1;
}
```

（12）双击"清除"按钮，进入该按钮的单击事件，编写程序如代码 7-57 所示。

代码 7-57 "清除"按钮的单击事件。

```
private void Img_Clear_Click(object sender,EventArgs e)
{
    S_Photo.Image=null;
    imgBytesIn=new byte[65536];
    Ima_n=2;
}
```

（13）在"职工基本信息"选项卡中，双击"添加"按钮，进入该按钮的单击事件，编写程序如代码 7-58 所示。

代码 7-58　"添加"按钮的单击事件。

```
private void Sut_Add_Click(object sender,EventArgs e)
{
    MyMC.Clear_Control(tabControl1.TabPages[0].Controls);
    //清空职工基本信息的相应文本框
    S_0.Text=MyMC.GetAutocoding("tb_Stuffbusic","ID");    //自动添加编号
    hold_n=1;                                            //用于记录添加操作的标识
    MyMC.Ena_Button(Sut_Add,Sut_Amend,Sut_Cancel,Sut_Save,0,0,1,1);
    groupBox5.Text="当前正在添加信息";
    Img_Clear.Enabled=true;                              //使图片选择按钮为可用状态
    Img_Save.Enabled=true;
}
```

（14）在"职工基本信息"选项卡中，双击"修改"按钮，进入该按钮的单击事件，编写程序如代码 7-59 所示。

代码 7-59　"修改"按钮的单击事件。

```
private void Sut_Amend_Click(object sender,EventArgs e)
{
    hold_n=2;                                            //用于记录修改操作的标识
    MyMC.Ena_Button(Sut_Add,Sut_Amend,Sut_Cancel,Sut_Save,0,0,1,1);
    groupBox5.Text="当前正在修改信息";
    Img_Clear.Enabled=true;                              //使图片选择按钮为可用状态
    Img_Save.Enabled=true;
}
```

（15）在"职工基本信息"选项卡中，双击"删除"按钮，进入该按钮的单击事件，编写程序如代码 7-60 所示。

代码 7-60　"删除"按钮的单击事件。

```
private void Sut_Delete_Click(object sender,EventArgs e)
{
    if (dataGridView1.RowCount<2)                        //判断 dataGridView1 控件中是否有记录
    {
        MessageBox.Show("数据表为空,不可以删除。");
        return;
    }
    //删除职工信息表中的当前记录,及其他相关表中的信息
    MyDataClass.getsqlcom("delete tb_Stuffbusic where ID='"+S_0.Text.Trim()+"
        '");
    MyDataClass.getsqlcom("delete tb_WordResume where Sut_ID='"+S_0.Text.Trim()
        +"'");
    MyDataClass.getsqlcom("delete tb_Family where Sut_ID='"+S_0.Text.Trim()+"
        '");
    MyDataClass.getsqlcom("delete tb_TrainNote where Sut_ID='"+S_0.Text.Trim()+"
        '");
    MyDataClass.getsqlcom("delete tb_RANDP where Sut_ID='"+S_0.Text.Trim()+"'");
    MyDataClass.getsqlcom("delete tb_WordResume where Sut_ID='"+S_0.Text.Trim()+"
```

```
    '");
    MyDataClass.getsqlcom("delete tb_Individual where ID='"+S_0.Text.Trim()
        +"'");
    Sut_Cancel_Click(sender,e);                    //调用"取消"按钮的单击事件
}
```

(16) 在"职工基本信息"选项卡中，双击"取消"按钮，进入该按钮的单击事件，编写程序如代码 7-61 所示。

代码 7-61 "取消"按钮的单击事件。

```
private void Sut_Cancel_Click(object sender,EventArgs e)
{
    hold_n=0;                                      //恢复原始标识
    MyMC.Ena_Button(Sut_Add,Sut_Amend,Sut_Cancel,Sut_Save,1,1,0,0);
    groupBox5.Text="";
    Ima_n=0;
    if (tem_Field=="")
        button1_Click(sender,e);
    else
        Condition_Lookup(tem_Value);
    Img_Clear.Enabled=false;
    Img_Save.Enabled=false;
}
```

(17) 在"职工基本信息"选项卡中，双击"保存"按钮，进入该按钮的单击事件，编写程序如代码 7-62 所示。

代码 7-62 "保存"按钮的单击事件。

```
private void Sut_Save_Click(object sender,EventArgs e)
{
    if (tabControl1.SelectedTab.Name=="tabPage6")    //如果当前是"个人简历"选项卡
    {
        //通过 MyMeans 公共类中的 getcom()方法查询当前职工是否添加了个人简历
        SqlDataReader Read_Memo = MyDataClass. getcom ( " select  *  from  tb_
            Individual where ID='"+tem_ID+"'");
        if (Read_Memo.Read())                          //如果有记录
        //将当前设置的个人简历进行修改
        MyDataClass.getsqlcom("update tb_Individual set Memo='"+Ind_Mome.Text
            +"'where ID='"+tem_ID+"'");
        else
        //如果没有记录，则进行添加操作
        MyDataClass.getsqlcom("insert into tb_Individual (ID,Memo) values('"+
            tem_ID+"','"+Ind_Mome.Text+"')");
    }
    else
    //如果当前是"职工基本信息"选项卡
    {
        //定义字符串变量，并存储"职工基本信息表"中的所有字段
        string All_Field="ID, StuffName, Folk, Birthday, Age, Kultur, Marriage,
            Sex, Visage, IDCard, Workdate, WorkLength, Employee, Business,
            Laborage, Branch, Duthcall, Phone, Handset, School, Speciality,
```

264

```
        GraduateDate,Address,BeAware,City,M_Pay,Bank,Pact_B,Pact_E,Pact
        _Y";
    if (hold_n==1||hold_n==2)                //判断当前是添加,还是修改操作
    {
        ModuleClass.MyModule.ADDs="";        //清空 MyModule 公共类中的 ADDs 变量
        //用 MyModule 公共类中的 Part_SaveClass()方法组合添加或修改的 SQL 语句
        MyMC.Part_SaveClass(All_Field,S_0.Text.Trim(),"",tabControl1.
            TabPages[0].Controls,"S_","tb_Stuffbusic",30,hold_n);
        //如果 ADDs 变量不为空,则通过 MyMeans 公共类中的 getsqlcom()方法执行添
            加、修改操作
        if (ModuleClass.MyModule.ADDs !="")
        MyDataClass.getsqlcom(ModuleClass.MyModule.ADDs);
    }
    if (Ima_n>0)                              //如果图片标识大于 0
    {
        //通过 MyModule 公共类中 r 的 SaveImage()方法将图片存入数据库中
        MyMC.SaveImage(S_0.Text.Trim(),imgBytesIn);
    }
    Sut_Cancel_Click(sender,e);               //调用"取消"按钮的单击事件
}
}
```

(18) 在"工作简历"选项卡中,双击"添加"按钮,进入该按钮的单击事件,编写程序如代码 7-63 所示。

代码 7-63　"添加"按钮的单击事件。

```
private void Part_Add_Click(object sender,EventArgs e)
{
    hold_n=1;
    if (tabControl1.SelectedTab.Name=="tabPage2")
    {
        MyMC.Clear_Control(this.groupBox7.Controls);
        Part_ID=MyMC.GetAutocoding("tb_WordResume","ID");     //自动添加编号
    }
    if (tabControl1.SelectedTab.Name=="tabPage3")
    {
        MyMC.Clear_Control(this.groupBox10.Controls);
        Part_ID=MyMC.GetAutocoding("tb_Family","ID");         //自动添加编号
    }
    if (tabControl1.SelectedTab.Name=="tabPage4")
    {
        MyMC.Clear_Control(this.groupBox12.Controls);
        Part_ID=MyMC.GetAutocoding("tb_TrainNote","ID");      //自动添加编号
    }
    if (tabControl1.SelectedTab.Name=="tabPage5")
    {
        MyMC.Clear_Control(this.groupBox14.Controls);
        Part_ID=MyMC.GetAutocoding("tb_RANDP","ID");          //自动添加编号
```

```
    }
    MyMC.Ena_Button(Part_Add,Part_Amend,Part_Cancel,Part_Save,1,0,1,1);
}
```

（19）在"工作简历"选项卡中，双击"修改"按钮，进入该按钮的单击事件，编写程序如代码7-64所示。

代码7-64 "修改"按钮的单击事件。

```
private void Part_Amend_Click(object sender,EventArgs e)
{
    hold_n=2;
    MyMC.Ena_Button(Part_Add,Part_Amend,Part_Cancel,Part_Save,0,1,1,1);
}
```

（20）在"工作简历"选项卡中，双击"删"按钮，进入该按钮的单击事件，编写程序如代码7-65所示。

代码7-65 "删"按钮的单击事件。

```
private void Part_Delete_Click(object sender,EventArgs e)
{
    string Delete_Table="";
    string Delete_ID="";
    if (tabControl1.SelectedTab.Name=="tabPage2")
    {
        if (dataGridView2.RowCount<2)
        {
            MessageBox.Show("数据表为空,不可以删除。");
            return;
        }
        MyMC.Clear_Control(this.groupBox7.Controls);
        Delete_ID=dataGridView2[1,dataGridView2.CurrentCell.RowIndex].
            Value.ToString();
        Delete_Table="tb_WordResume";
    }
    if (tabControl1.SelectedTab.Name=="tabPage3")
    {
        if (dataGridView3.RowCount<2)
        {
            MessageBox.Show("数据表为空,不可以删除。");
            return;
        }
        MyMC.Clear_Control(this.groupBox10.Controls);
        Delete_ID=dataGridView3[1,dataGridView3.CurrentCell.RowIndex].
            Value.ToString();
        Delete_Table="tb_Family";
    }
    if (tabControl1.SelectedTab.Name=="tabPage4")
    {
        if (dataGridView4.RowCount<2)
```

```
        {
            MessageBox.Show("数据表为空,不可以删除。");
            return;
        }
        MyMC.Clear_Control(this.groupBox12.Controls);
        Delete_ID=dataGridView4[1,dataGridView4.CurrentCell.RowIndex].
            Value.ToString();
        Delete_Table="tb_TrainNote";
    }
    if (tabControl1.SelectedTab.Name=="tabPage5")
    {
        if (dataGridView5.RowCount<2)
        {
            MessageBox.Show("数据表为空,不可以删除。");
            return;
        }
        MyMC.Clear_Control(this.groupBox14.Controls);
        Delete_ID=dataGridView5[1,dataGridView5.CurrentCell.RowIndex].
            Value.ToString();
        Delete_Table="tb_RANDP";
    }
    if ((Delete_ID.Trim()).Length>0)
    {
        MyDataClass.getsqlcom("delete "+Delete_Table+" where ID='"+Delete_ID+"'");
        Part_Cancel_Click(sender,e);
    }
}
```

（21）在"工作简历"选项卡中,双击"取消"按钮,进入该按钮的单击事件,编写程序如
代码 7-66 所示。

代码 7-66　"取消"按钮的单击事件。

```
private void Part_Cancel_Click(object sender,EventArgs e)
{
    if (tabControl1.SelectedTab.Name=="tabPage2")
    {
        DataSet WDset=MyDataClass.getDataSet("select Sut_ID,ID,BeginDate as
            开始时间,EndDate as 结束时间,Branch as 部门,Business as 职务,WordUnit
            as 工作单位 from tb_WordResume where Sut_ID='"+tem_ID+"'","tb_
            WordResume");
        MyMC.Correlation_Table(WDset,dataGridView2);
    }
    if (tabControl1.SelectedTab.Name=="tabPage3")
    {
        DataSet FDset=MyDataClass.getDataSet("select Sut_ID,ID,LeaguerName as
            家庭成员名称,Nexus as 与本人的关系,BirthDate as 出生日期,WordUnit as
            工作单位,Business as 职务,Visage as 政治面貌,Phone as 电话 from tb_
            Family where Sut_ID='"+tem_ID+"'","tb_Family");
        MyMC.Correlation_Table(FDset,dataGridView3);
    }
```

```
        }
        if (tabControl1.SelectedTab.Name=="tabPage4")
        {
            DataSet TDset=MyDataClass.getDataSet("select Sut_ID,ID,TrainFashion
                as 培训方式, BeginDate as 培训开始时间, EndDate as 培训结束时间,
                Speciality as 培训专业, TrainUnit as 培训单位, KulturMemo as 培训内容,
                Charge as 费用, Effect as 效果 from tb_TrainNote where Sut_ID='"+tem_
                ID+"'","tb_TrainNote");
            MyMC.Correlation_Table(TDset,dataGridView4);
        }
        if (tabControl1.SelectedTab.Name=="tabPage5")
        {
            DataSet RDset=MyDataClass.getDataSet("select Sut_ID,ID,RPKind as 奖惩
                种类, RPDate as 奖惩时间, SealMan as 批准人, QuashDate as 撤销时间,
                QuashWhys as 撤销原因 from tb_RANDP where Sut_ID='"+tem_ID+"'","tb_
                RANDP");
            MyMC.Correlation_Table(RDset,dataGridView5);
        }
        hold_n=0;                                              //恢复原始标识
        MyMC.Ena_Button(Part_Add,Part_Amend,Part_Cancel,Part_Save,1,1,0,0);
    }
```

（22）在"工作简历"选项卡中，双击"保存"按钮，进入该按钮的单击事件，编写程序如代码 7-67 所示。

代码 7-67 "保存"按钮的单击事件。

```
private void Part_Save_Click(object sender,EventArgs e)
{
    string s="";
    if (tabControl1.SelectedTab.Name=="tabPage2")
    {
        s="ID,Sut_ID,BeginDate,EndDate,Branch,Business,WordUnit";
        ModuleClass.MyModule.ADDs="";
        if (hold_n==2)
        {
        if (dataGridView2.RowCount<2)
        {
            MessageBox.Show("数据表为空，不可以修改。");
        }
        else
            Part_ID=dataGridView2[1,dataGridView2.CurrentCell.RowIndex].
                Value.ToString();
        }
        MyMC.Part_SaveClass(s,tem_ID,Part_ID,this.groupBox7.Controls,"Word_",
            "tb_WordResume",7,hold_n);
    }
    if (tabControl1.SelectedTab.Name=="tabPage3")
    {
        s="ID,Sut_ID,LeaguerName,Nexus,BirthDate,WordUnit,Business,Visage,
```

```
        Phone";
    ModuleClass.MyModule.ADDs="";
    if (hold_n==2)
    {
        if (dataGridView3.RowCount<2)
        {
            MessageBox.Show("数据表为空,不可以修改。");
        }
        else
            Part_ID=dataGridView3[1,dataGridView3.CurrentCell.RowIndex].
                Value.ToString();
    }
    MyMC.Part_SaveClass(s,tem_ID,Part_ID,this.groupBox10.Controls,"Famity_",
        "tb_Family",9,hold_n);
}
if (tabControl1.SelectedTab.Name=="tabPage4")
{
    s="ID,Sut_ID,TrainFashion,BeginDate,EndDate,Speciality,TrainUnit,
        KulturMemo,Charge,Effect";
    ModuleClass.MyModule.ADDs="";
    if (hold_n==2)
    {
        if (dataGridView4.RowCount<2)
        {
            MessageBox.Show("数据表为空,不可以修改。");
        }
        else
            Part_ID=dataGridView4[1,dataGridView4.CurrentCell.RowIndex].
                Value.ToString();
    }
    MyMC.Part_SaveClass(s,tem_ID,Part_ID,this.groupBox12.Controls,"TrainNote
        _","tb_TrainNote",10,hold_n);
}
if (tabControl1.SelectedTab.Name=="tabPage5")
{
    s="ID,Sut_ID,RPKind,RPDate,SealMan,QuashDate,QuashWhys";
    ModuleClass.MyModule.ADDs="";
    if (hold_n==2)
    {
        if (dataGridView5.RowCount<2)
        {
            MessageBox.Show("数据表为空,不可以修改");
        }
        else
            Part_ID=dataGridView5[1,dataGridView5.CurrentCell.RowIndex].
                Value.ToString();
    }
    MyMC.Part_SaveClass(s,tem_ID,Part_ID,this.groupBox14.Controls,"RANDP
        _","tb_RANDP",7,hold_n);
```

269

```
    }
    if (ModuleClass.MyModule.ADDs !="")
        MyDataClass.getsqlcom(ModuleClass.MyModule.ADDs);
    Part_Cancel_Click(sender,e);
}
```

7.2.7 设计制作人事资料查询界面 F_Find.cs

"人事资料查询"的设计界面如图 7-51 所示。人事资料查询的功能包括按照"基本信息"查询和"个人信息"查询。"基本信息"查询包括按照"民族类别""文化程度""政治面貌""职工类别""职务类别""工资类别""部门类别"和"职称类别"进行查询。"个人信息"查询包括按照"性别""婚姻""年龄""工龄""籍贯""月工资""合同年限""工作时间""毕业学校""主修专业"等进行查询。其中,查询条件之间可以选择"与运算"或者"或运算",查询结果显示在界面下面的 dataGridView 控件中。

图 7-51 "人事资料查询"的设计界面

1. 设计界面

"人事资料查询"界面的设计步骤为：添加 4 个 GroupBox 控件,分别作为"基本信息""个人信息""查询操作"和"查询结果"的布局。

(1) 在"基本信息"部分,添加 8 个 Label 控件和 8 个 ComboBox 控件,分别用于"民族类别""文化程度""政治面貌""职工类别""职务类别""工资类别""部门类别"和"职称类别"的标签和显示字段内容。

(2) 在"个人信息"部分,添加 13 个 Label 控件、10 个 ComboBox 控件、6 个 TextBox 控件,分别用于"性别""婚姻""年龄""工龄""籍贯""月工资""合同年限""工作时间""毕业学校"和"主修专业"选项。

（3）在"查询结果"部分，添加 1 个 dataGridView 控件，用于显示查询结果。

（4）在"查询操作"部分，添加 3 个 Button 控件，分别用作"查询""清空"和"取消"按钮。添加 1 个 CheckBox 控件，用作"显示全部"选项。添加 2 个 RadioButton 控件，分别用于"与运算"和"或运算"。

2. 编写代码

（1）定义窗体的公共变量，如代码 7-68 所示。

代码 7-68　定义窗体的公共变量。

```
ModuleClass.MyModule MyMC=new renshi.ModuleClass.MyModule();
DataClass.MyMeans MyDataClass=new renshi.DataClass.MyMeans();
public static DataSet MyDS_Grid;
public string ARsign="AND";
public static string Sut_SQL="select ID as 编号,StuffName as 职工姓名,Folk as 民
    族类别,Birthday as 出生日期,Age as 年龄,Kultur as 文化程度,Marriage as 婚姻,
    Sex as 性别,Visage as 政治面貌,IDCard as 身份证号,Workdate as 单位工作时间,
    WorkLength as 工龄,Employee as 职工类别,Business as 职务类别,Laborage as 工资
    类别,Branch as 部门类别,Duthcall as 职称类别,Phone as 电话,Handset as 手机,
    School as 毕业学校,Speciality as 主修专业,GraduateDate as 毕业时间,M_Pay as 月
    工资,Bank as 银行账号,Pact_B as 合同开始时间,Pact_E as 合同结束时间,Pact_Y as
    合同年限,BeAware as 籍贯所在省,City as 籍贯所在市 from tb_Stuffbusic";
```

（2）双击"查询"按钮，进入该按钮的单击事件，编写程序如代码 7-69 所示。

代码 7-69　"查询"按钮的单击事件。

```
private void button1_Click(object sender,EventArgs e)
{
    ModuleClass.MyModule.FindValue="";       //清空存储查询语句的变量
    string Find_SQL=Sut_SQL;                 //存储显示数据表中所有信息的 SQL 语句
    MyMC.Find_Grids(groupBox1.Controls,"Find",ARsign);
    //将指定控件集下的控件组合成查询条件
    MyMC.Find_Grids(groupBox2.Controls,"Find",ARsign);
    //当合同的起始日期和结束日期不为空时
    if (MyMC.Date_Format(Find1_WorkDate.Text) !="" &&
    MyMC.Date_Format(Find2_WorkDate.Text) !="")
    {
        if (ModuleClass.MyModule.FindValue !="")      //如果 FindValue 字段不为空
        //用 ARsign 变量连接查询条件
        ModuleClass. MyModule. FindValue = ModuleClass. MyModule. FindValue +
            ARsign;
        //设置合同日期的查询条件
        ModuleClass.MyModule.FindValue=ModuleClass.MyModule.FindValue+" ("+
            "workdate>='"+Find1_WorkDate.Text+"' AND workdate<='"+Find2_
            WorkDate.Text+"')";
    }
    if (ModuleClass.MyModule.FindValue !="")           //如果 FindValue 字段不为空
        //将查询条件添加到 SQL 语句的尾部
        Find_SQL=Find_SQL+" where "+ModuleClass.MyModule.FindValue;
```

271

```
        //按照指定的条件进行查询
    MyDS_Grid=MyDataClass.getDataSet(Find_SQL,"tb_Stuffbusic");
    //在 dataGridView1 控件中显示查询的结果
    dataGridView1.DataSource=MyDS_Grid.Tables[0];
    dataGridView1.AutoGenerateColumns=true;
    CheckBox1.Checked=false;
}
```

（3）双击"清空"按钮，进入该按钮的单击事件，编写程序如代码 7-70 所示。

代码 7-70 "清空"按钮的单击事件。

```
private void button2_Click(object sender,EventArgs e)
{
    Clear_Box(7,GroupBox1.Controls,"Find_");
    Clear_Box(12,GroupBox2.Controls,"Find");
    Clear_Box(4,GroupBox2.Controls,"Sign");
}
```

（4）这段代码中，调用了 Clear_Box()方法，编写该方法的程序如代码 7-71 所示。

代码 7-71 Clear_Box()方法。

```
#region 清空控件集上的控件信息
//<summary>
//清空 GroupBox 控件上的控件信息
//</summary>
//<param name="n">控件个数</param>
//<param name="GBox">GroupBox 控件的数据集</param>
//<param name="TName">获取信息控件的部分名称</param>
private void Clear_Box(int n,Control.ControlCollection GBox,string TName)
{
    for (int i=0; i<n; i++)
    {
        foreach (Control C in GBox)
        {
            if (C.GetType ( ). Name = =" TextBox " | C. GetType ( ). Name = ="
                MaskedTextBox"|C.GetType().Name=="ComboBox")
            if (C.Name.IndexOf(TName)>-1)
            {
                C.Text="";
            }
        }
    }
}
#endregion
```

（5）双击"取消"按钮，进入该按钮的单击事件，编写程序如代码 7-72 所示。

代码 7-72 "取消"按钮的单击事件。

```
private void button3_Click(object sender,EventArgs e)
{
    this.Close();
}
```

（6）编写"显示全部"选项的 CheckBox 控件的 Click 事件,编写程序如代码 7-73 所示。

代码 7-73 "显示全部"选项的 CheckBox 控件的 Click 事件。

```
private void checkBox1_Click(object sender,EventArgs e)
{
    if (checkBox1.Checked==true)
    {
        MyDS_Grid=MyDataClass.getDataSet(Sut_SQL,"tb_Stuffbusic");
        dataGridView1.DataSource=MyDS_Grid.Tables[0];
        dataGridView1.AutoGenerateColumns=true;
    }
}
```

（7）编写"与运算"对应的 radioButton 控件的 CheckChanged 事件,编写程序如代码 7-74 所示。

代码 7-74 "与运算"对应的 radioButton 控件的 CheckChanged 事件。

```
private void radioButton1_CheckedChanged(object sender,EventArgs e)
{
    ARsign=" AND ";
}
```

（8）编写"或运算"对应的 radioButton 控件的 CheckChanged 事件,编写程序如代码 7-75 所示。

代码 7-75 "或运算"对应的 radioButton 控件的 CheckChanged 事件。

```
private void radioButton2_CheckedChanged(object sender,EventArgs e)
{
    ARsign=" OR ";
}
```

7.2.8 设计制作人事资料统计界面 F_Stat.cs

"人事资料统计"的设计界面如图 7-52 所示。人事资料统计的功能是按照统计条件统计每类员工的人数。左边统计条件可以按"民族类别统计""年龄统计"等,右边显示选择的统计条件下每个分类的人数。

1. 设计界面

"人事资料统计"界面的设计步骤为:添加 2 个 GroupBox 控件,分别用于"统计条件"和"统计结果"的布局。在"统计条件"部分添加 1 个 ListBox 控件,用于显示统计条件。在"统计结果"部分添加 1 个 dataGridView 控件,用于显示统计结果。

2. 编写代码

（1）定义窗体的公共变量,编写程序如代码 7-76 所示。

图 7-52 "人事资料统计"的设计界面

代码 7-76 窗体的公共变量。

```
DataClass.MyMeans MyDataClass=new renshi.DataClass.MyMeans();
public static string Term _ Field =" Folk, Age, Kultur, Marriage, Sex, Visage,
    WorkLength, Employee, Business, Laborage, Branch, Duthcall, School,
    Speciality, Pact_Y, BeAware, City";
public static string Term_Value="民族类别,年龄,文化程度,婚姻,性别,政治面貌,工龄,
    职工类别,职务类别,工资类别,部门类别,职称类别,毕业学校,主修专业,合同年限,籍贯所
    在省,籍贯所在市";
public static string[] A_Field=Term_Field.Split(Convert.ToChar(','));
public static string[] A_Value=Term_Value.Split(Convert.ToChar(','));
public static DataSet MyDS_Grid;
```

（2）编写窗体的 Form_Load()事件 F_Stat_Load，程序如代码 7-77 所示。

代码 7-77 窗体的 Form_Load()事件 F_Stat_Load。

```
private void F_Stat_Load(object sender, EventArgs e)
{
    listBox1.Items.Clear();
    for (int i=0; i<A_Value.Length; i++)
        listBox1.Items.Add("按"+A_Value[i]+"统计");
    Stat_Class(0);
}
```

（3）这段代码中调用了 Stat_Class()方法，编写程序如代码 7-78 所示。

代码 7-78 Stat_Class()方法。

```
public void Stat_Class(int n)
{
    MyDS_Grid=MyDataClass.getDataSet("select "+A_Field[n]+" as '"+A_Value[n]
        +"',count("+A_Field[n]+") as '人数'from tb_stuffbusic group by "+A_
        Field[n],"tb_Stuffbusic");
    dataGridView1.DataSource=MyDS_Grid.Tables[0];
```

```
dataGridView1.Columns[0].Width=120;
dataGridView1.Columns[1].Width=55;
}
```

（4）编写 ListBox 控件的 Click 事件 listBox1_Click 的程序，如代码 7-79 所示。

代码 7-79　ListBox 控件的 Click 事件。

```
private void listBox1_Click(object sender,EventArgs e)
{
    Stat_Class(listBox1.SelectedIndex);
}
```

7.2.9　设计制作日常记事界面 F_WordPad.cs

"日常记事"的设计界面如图 7-53 所示，该界面的功能是添加、修改、删除和保存记事信息，可以按照记事时间和记事类别进行查询，并显示出记事内容。

图 7-53　"日常记事"的设计界面

1. 设计界面

"日常记事"界面的设计步骤为：首先添加 4 个 GroupBox 控件，分别作为"查询""信息表""记事本内容"和"添加/修改"按钮的布局。

在"查询"部分的设计步骤为：添加 2 个 CheckBox 控件，分别作为"记事时间"和"记事类别"选项。然后添加 2 个 ComboBox 控件。最后添加 1 个 Button 控件，作为"查询"按钮。

在"信息表"部分，添加 1 个 dataGridView 控件，用于显示查询结果。添加 1 个 CheckBox 控件，用作"全部显示"选项。

在"记事本内容"部分,添加 4 个 Label 控件,分别用于显示标签"记事时间""记事类别""主题"和"内容"。添加 1 个 DateTimePicker 控件,用于"记事时间"内容的显示。添加 1 个 ComboBox 控件,用于"记事类别"选项内容的显示。添加 2 个 TextBox 控件,分别用作显示标签"主题"和"内容"。

在"添加/修改"按钮部分,添加 5 个 Button 控件,分别用作"添加""修改""删除""取消"和"保存"按钮。

2. 编写代码

(1) 定义窗体的公共变量,编写程序如代码 7-80 所示。

代码 7-80 定义窗体的公共变量。

```
ModuleClass.MyModule MyMC=new renshi.ModuleClass.MyModule();
DataClass.MyMeans MyDataClass=new renshi.DataClass.MyMeans();
public static string AllSql="select ID,BlotterDate as 记事时间,BlotterSort as
    记事类别,Motif as 主题,Wordpa from tb_DayWordPad";
public static DataSet MyDS_Grid;                    //存储数据表信息
public static string Word_ID="";                    //存储添加信息时的自动编号
public static int Word_S=0;
```

(2) 编写窗体的 Form_Load 事件,程序如代码 7-81 所示。

代码 7-81 窗体的 Form_Load 事件。

```
private void F_WordPad_Load(object sender,EventArgs e)
{
    //用 dataGridView1 控件显示职工的名称
    MyDS_Grid=MyDataClass.getDataSet(AllSql,"tb_DayWordPad");
    dataGridView1.DataSource=MyDS_Grid.Tables[0];
    dataGridView1.AutoGenerateColumns=true;         //确认是否自动创建列
    dataGridView1.Columns[1].Width=80;
    dataGridView1.Columns[2].Width=80;
    dataGridView1.Columns[3].Width=100;
    //隐藏 dataGridView1 控件中不需要的列字段
    dataGridView1.Columns[0].Visible=false;
    dataGridView1.Columns[4].Visible=false;
    MyMC.CoPassData(WordPad_2,"tb_WordPad");        //向"记事类别"列表框中添加信息
    MyMC.CoPassData(ComboBox1,"tb_WordPad");
    MyMC.Ena_Button(Word_Add,Word_Amend,Word_Cancel,Word_Save,1,1,0,0);
}
```

(3) 双击"查询"按钮,进入该按钮的单击事件,编写程序如代码 7-82 所示。

代码 7-82 "查询"按钮的单击事件。

```
private void button1_Click(object sender,EventArgs e)
{
    string Fing_Sql="";
    if (CheckBox1.Checked==true)
```

276

```
        {
            Fing_Sql=" (BlotterDate='"+(Convert.ToDateTime
            (DateTimePicker1.Value.ToString())).ToShortDateString()+"')";
        }
        if (CheckBox2.Checked==true)
        {
            if ((ComboBox1.Text.Trim()).Length==0)
            {
                MessageBox.Show("请填写查询条件。");
                return;
            }
            if (Fing_Sql !="")
                Fing_Sql=Fing_Sql+" AND "+" (BlotterSort='"+comboBox1.Text+"')";
        }
        if (Fing_Sql !="")
            Fing_Sql=AllSql+" where "+Fing_Sql;
        else
            Fing_Sql=AllSql;
            //用 dataGridView1 控件显示职工的名称
            MyDS_Grid=MyDataClass.getDataSet(Fing_Sql,"tb_DayWordPad");
            dataGridView1.DataSource=MyDS_Grid.Tables[0];
            CheckBox3.Checked=false;
            if (MyDS_Grid.Tables[0].Rows.Count<1) //如果查询结果为空,清除相关文本
            {
                WordPad_2.Text="";
                WordPad_3.Text="";
                WordPad_4.Text="";
                Word_ID="";
            }
}
```

(4) 编写 dataGridView 控件的 CellEnter 事件,程序如代码 7-83 所示。

代码 7-83　dataGridView 控件的 CellEnter 事件。

```
private void dataGridView1_CellEnter(object sender,dataGridViewCellEventArgs
    e)
{
    Show_N();
}
```

(5) 代码 7-83 中调用了 Show_N()方法,编写该方法的程序,如代码 7-84 所示。

代码 7-84　Show_N()方法。

```
public void Show_N()
{
    if (dataGridView1.RowCount>0)
    {
        try
```

```
        {
            WordPad_1.Value = Convert.ToDateTime (dataGridView1[1, dataGridView1.
                CurrentCell.RowIndex].Value.ToString());
            WordPad_2.Text = dataGridView1[2, dataGridView1.CurrentCell.RowIndex].
                Value.ToString();
            WordPad_3.Text = dataGridView1[3, dataGridView1.CurrentCell.RowIndex].
                Value.ToString();
            WordPad_4.Text = dataGridView1[4, dataGridView1.CurrentCell.RowIndex].
                Value.ToString();
            Word_ID=dataGridView1[ 0, dataGridView1.CurrentCell.RowIndex].
                Value.ToString();
        }
        catch
        {
            WordPad_2.Text="";
            WordPad_3.Text="";
            WordPad_4.Text="";
            Word_ID="";
        }
    }
    else
    {
        MyMC.Clear_Control(GroupBox3.Controls);
        Word_ID="";
        WordPad_1.Value=Convert.ToDateTime(System.DateTime.Now.ToString());
    }
}
```

（6）编写"全部显示"CheckBox 控件的 Click 事件，程序如代码 7-85 所示。

代码 7-85 "全部显示"CheckBox 控件的 Click 事件。

```
private void checkBox3_Click(object sender,EventArgs e)
{
    if (((CheckBox)sender).Checked==true)
        Word_Cancel_Click(sender,e);
}
```

（7）双击"添加"按钮，进入该按钮的单击事件，编写程序如代码 7-86 所示。

代码 7-86 "添加"按钮的单击事件。

```
private void Word_Add_Click(object sender,EventArgs e)
{
    MyMC.Clear_Control(groupBox3.Controls);
    WordPad_1.Value=Convert.ToDateTime(System.DateTime.Now.ToString());
    Word_ID=MyMC.GetAutocoding("tb_DayWordPad","ID");          //自动添加编号
    Word_S=1;
    MyMC.Ena_Button(Word_Add,Word_Amend,Word_Cancel,Word_Save,1,0,1,1);
}
```

（8）双击"修改"按钮，进入该按钮的单击事件，编写程序如代码 7-87 所示。

278

代码 7-87 "修改"按钮的单击事件。

```
private void Word_Amend_Click(object sender,EventArgs e)
{
    if (MyDS_Grid.Tables[0].Rows.Count>0)
    {
        Word_S=2;
        MyMC.Ena_Button(Word_Add,Word_Amend,Word_Cancel,Word_Save,0,1,1,1);
    }
    else
        MessageBox.Show("当前为空记录,无法进行修改。");
}
```

(9) 双击"删除"按钮,进入该按钮的单击事件,编写程序如代码 7-88 所示。

代码 7-88 "删除"按钮的单击事件。

```
private void Word_Delete_Click(object sender,EventArgs e)
{
    if (dataGridView1.RowCount<2)
    {
        MessageBox.Show("数据表为空,不可以删除。");
        return;
    }
    if (Word_ID=="")
    {
        MessageBox.Show("无法删除空记录。");
        return;
    }
    MyDataClass.getsqlcom("delete tb_DayWordPad where ID='"+Word_ID+"'");
    Word_Cancel_Click(sender,e);
}
```

(10) 双击"取消"按钮,进入该按钮的单击事件,编写程序如代码 7-89 所示。

代码 7-89 "取消"按钮的单击事件。

```
private void Word_Cancel_Click(object sender,EventArgs e)
{
    Word_S=0;
    MyMC.Ena_Button(Word_Add,Word_Amend,Word_Cancel,Word_Save,1,1,0,0);
    //用 dataGridView1 控件显示职工的名称
    MyDS_Grid=MyDataClass.getDataSet(AllSql,"tb_DayWordPad");
    dataGridView1.DataSource=MyDS_Grid.Tables[0];
}
```

(11) 双击"保存"按钮,进入该按钮的单击事件,编写程序如代码 7-90 所示。

代码 7-90 "保存"按钮的单击事件。

```
private void Word_Save_Click(object sender,EventArgs e)
{
    string All_Field="";
    string All_Value="";
    if (Word_S==1)
```

279

```
{
    All_Field="ID,BlotterDate,BlotterSort,Motif,Wordpa";
    All_Value="'"+Word_ID+"','"+"'"+Convert.ToDateTime((WordPad_1.Value.
        ToString())).ToShortDateString()+"','"+"'"+WordPad_2.Text+"','"+"
        '"+WordPad_3.Text+"','"+"'"+WordPad_4.Text+"'";
    MyDataClass.getsqlcom("insert into tb_DayWordPad ("+All_Field+")
    values ("+All_Value+")");
}
if (Word_S==2)
{
    All_Value="ID= '"+Word_ID+"',"+"BlotterDate= '"+Convert.ToDateTime
        ((WordPad_1.Value.ToString())).ToShortDateString()+"','"+"
        BlotterSort= '"+WordPad_2.Text+"','"+"Motif= '"+WordPad_3.Text+"
        ','"+"Wordpa= '"+WordPad_4.Text+"'";
    MyDataClass.getsqlcom("update tb_DayWordPad set "+All_Value+" where ID
        = '"+Word_ID+"'");
}
Word_Cancel_Click(sender,e);
}
```

7.2.10　设计制作管理通信录界面 F_AddressList.cs

"管理通信录"的设计界面如图 7-54 所示，该界面的功能包括：按照"查询类型"和"查询条件"查询通信录、显示查询结果、添加/修改/删除通信录功能。

图 7-54　"管理通信录"的设计界面

在单击"添加"按钮之后，会弹出来一个"添加通信录信息"界面，如图 7-55 所示。

1. 设计界面

"管理通信录"界面的设计步骤为：添加 3 个 GroupBox 控件，用于显示"查询""数据表"和"添加/删除"按钮的布局。在"查询"部分添加 2 个 Label 控件，分别用作"查询类

图 7-55　"添加通信录信息"的设计界面

型"和"查询条件"标签的显示。然后添加 1 个 ComboBox 控件、1 个 TextBox 控件,用于输入"查询类型"和"查询条件"。最后添加 2 个 Button 控件,分别用作"查询"和"全部"按钮。在"数据表"显示部分,添加 1 个 dataGridView 控件。在"添加/删除"按钮部分,添加 4 个 Button 控件,分别用作"添加""修改""删除"和"退出"按钮。

"添加通信录信息"界面的设计步骤为:首先添加 2 个 GroupBox 控件,用于设置 2 个选项组。在"通信录信息"部分,添加 7 个 Label 控件,分别用作"姓名""性别""电话""手机""工作电话""QQ"和"E-mail"标签。再添加 6 个 TextBox 控件和 1 个 ComboBox 控件,用于显示通信录信息。最后添加 2 个 Button 控件,分别用作"保存"和"取消"按钮。

2. 编写代码

(1) 定义窗体的公共变量,程序如代码 7-91 所示。

代码 7-91　定义窗体的公共变量。

```
DataClass.MyMeans MyDataClass=new renshi.DataClass.MyMeans();
ModuleClass.MyModule MyMC=new renshi.ModuleClass.MyModule();
public static DataSet MyDS_Grid;
public static string AllSql="select ID,Name as 姓名,Sex as 性别,Phone as 电话,
    WordPhone as 工作电话,Handset as 手机,QQ as QQ 号,E-mail as 邮箱地址 from tb_
    AddressBook";
public static string Find_Field="";
```

(2) 编写窗体的 Form_Load 事件 F_AddressList_Load,程序如代码 7-92 所示。

代码 7-92　窗体的 Form_Load 事件。

```
private void F_AddressLis t_Load(object sender,EventArgs e)
{
    ShowAll();
}
```

(3) 代码 7-92 中调用了 ShowAll()方法,编写该方法的程序,如代码 7-93 所示。

代码 7-93　ShowAll()方法。

```
public void ShowAll()
{
```

```
    ModuleClass.MyModule.Address_ID="";
    //用 dataGridView1 控件显示职工的名称
    MyDS_Grid=MyDataClass.getDataSet(AllSql,"tb_AddressBook");
    dataGridView1.DataSource=MyDS_Grid.Tables[0];
    dataGridView1.Columns[0].Visible=false;
    if (dataGridView1.RowCount>1)
    {
        Address_Amend.Enabled=true;
        Address_Delete.Enabled=true;
    }
    else
    {
        Address_Amend.Enabled=false;
        Address_Delete.Enabled=false;
    }
}
```

（4）编写查询类型 ComboBox 控件的 TextChanged 事件，程序如代码 7-94 所示。

代码 7-94 查询类型 ComboBox 控件的 TextChanged 事件。

```
private void comboBox1_TextChanged(object sender,EventArgs e)
{
    switch (((ComboBox)sender).SelectedIndex)
    {
        case 0:
        {
            Find_Field="Name";
            break;
        }
        case 1:
        {
            Find_Field="Sex";
            break;
        }
        case 2:
        {
            Find_Field="E_Mail";
            break;
        }
    }
}
```

（5）双击"查询"按钮，进入该按钮的单击事件，编写程序如代码 7-95 所示。

代码 7-95 "查询"按钮的单击事件。

```
private void button5_Click(object sender,EventArgs e)
{
    if (textBox1.Text=="")
    {
```

```
        MessageBox.Show("请输入查询条件。");
        return;
    }
    ModuleClass.MyModule.Address_ID="";
    //用 dataGridView1 控件显示职工的名称
    MyDS_Grid=MyDataClass.getDataSet(AllSql+" where "+Find_Field+" like '%"
        +textBox1.Text.Trim()+"%'","tb_AddressBook");
    dataGridView1.DataSource=MyDS_Grid.Tables[0];
    dataGridView1.Columns[0].Visible=false;
    if (dataGridView1.RowCount>1)
    {
        Address_Amend.Enabled=true;
        Address_Delete.Enabled=true;
    }
    else
    {
        Address_Amend.Enabled=false;
        Address_Delete.Enabled=false;
    }
}
```

（6）双击"全部"按钮，进入该按钮的单击事件，编写程序如代码 7-96 所示。

代码 7-96 "全部"按钮的单击事件。

```
private void button1_Click(object sender,EventArgs e)
{
    ShowAll();
}
```

（7）双击"添加"按钮，进入该按钮的单击事件，编写程序如代码 7-97 所示。该事件将打开添加通信录的界面。

代码 7-97 "添加"按钮的单击事件。

```
private void Address_Add_Click(object sender,EventArgs e)
{
    InfoAddForm.F_Address FrmAddress=new renshi.InfoAddForm.F_Address();
    FrmAddress.Text="通信录添加操作";
    FrmAddress.Tag=1;
    FrmAddress.ShowDialog(this);
    ShowAll();
}
```

（8）双击"修改"按钮，进入该按钮的单击事件，编写程序如代码 7-98 所示。

代码 7-98 "修改"按钮的单击事件。

```
private void Address_Amend_Click(object sender,EventArgs e)
{
    InfoAddForm.F_Address FrmAddress=new PWMS.InfoAddForm.F_Address();
    FrmAddress.Text="通信录修改操作";
```

```
    FrmAddress.Tag=2;
    FrmAddress.ShowDialog(this);
    ShowAll();
}
```

（9）双击"删除"按钮，进入该按钮的单击事件，编写程序如代码 7-99 所示。

代码 7-99 "删除"按钮的单击事件。

```
private void Address_Delete_Click(object sender,EventArgs e)
{
    if (MessageBox.Show ("确定要删除该条信息吗?","提示", MessageBoxButtons.
        OKCancel,MessageBoxIcon.Question)==DialogResult.OK)
    {
        MyData Class.getsqlcom (" Delete  tb _ AddressBook  where  ID = '" +
            ModuleClass.MyModule.Address_ID+"'");
        ShowAll();
    }
}
```

（10）在"添加通信录"界面中，编写窗体的公共变量，程序如代码 7-100 所示。

代码 7-100 "添加通信录"窗体的公共变量。

```
DataClass.MyMeans MyDataClass=new renshi.DataClass.MyMeans();
ModuleClass.MyModule MyMC=new renshi.ModuleClass.MyModule();
public static DataSet MyDS_Grid;
public static string Address_ID="";
```

（11）编写窗体的 Form_Load 事件，程序如代码 7-101 所示。

代码 7-101 窗体的 Form_Load 事件。

```
private void F_Address_Load(object sender,EventArgs e)
{
    if ((int)(this.Tag)==1)
    {
        Address_ID=MyMC.GetAutocoding("tb_AddressBook","ID");
    }
    if ((int)this.Tag==2)
    {
        MyDS_Grid=MyDataClass.getDataSet("select ID,Name,Sex,Phone,Handset,
        WordPhone,QQ,E_Mail from tb_AddressBook where ID='"+ModuleClass.
        MyModule.Address_ID+"'","tb_AddressBook");
        Address_ID=MyDS_Grid.Tables[0].Rows[0][0].ToString();
        this.Address_1.Text=MyDS_Grid.Tables[0].Rows[0][1].ToString();
        this.Address_2.Text=MyDS_Grid.Tables[0].Rows[0][2].ToString();
        this.Address_3.Text=MyDS_Grid.Tables[0].Rows[0][3].ToString();
        this.Address_4.Text=MyDS_Grid.Tables[0].Rows[0][4].ToString();
        this.Address_5.Text=MyDS_Grid.Tables[0].Rows[0][5].ToString();
        this.Address_6.Text=MyDS_Grid.Tables[0].Rows[0][6].ToString();
        this.Address_7.Text=MyDS_Grid.Tables[0].Rows[0][7].ToString();
```

```
        }
    }
```

(12) 双击"保存"按钮,进入该按钮的单击事件,编写程序如代码 7-102 所示。

代码 7-102 "保存"按钮的单击事件。

```
private void button1_Click(object sender, EventArgs e)
{
    if (this.Address_1.Text !="")
    {
        MyMC.Part_SaveClass("ID,Name,Sex,Phone,Handset,WordPhone,QQ,E_Mail",
            Address _ ID,"", this. groupBox1. Controls," Address _ "," tb _
            AddressBook",8,(int)this.Tag);
        MyDataClass.getsqlcom(ModuleClass.MyModule.ADDs);
        this.Close();
    }
    else
        MessageBox.Show("人员姓名不能为空。");
}
```

7.2.11 设计制作用户管理界面 F_User.cs

"用户管理"的设计界面如图 7-56 所示,该界面的功能包括:显示用户信息,添加、修改、删除用户信息,修改用户权限。

选择"添加"和"修改"命令,将会弹出"添加/修改用户信息"的界面,如图 7-57 所示。

图 7-56 "用户管理"的设计界面　　　　图 7-57 "添加/修改用户信息"的界面

选择"权限"命令,将会弹出"修改用户权限"的设计界面,如图 7-58 所示。

1. 设计界面

"用户管理"界面的设计步骤为:首先在界面中添加 1 个 ToolStrip 控件,添加 5 个 ToolStripButton 控件。然后添加 1 个 GroupBox 控件,用于"用户信息表"选项组。最后添加 1 个 dataGridView 控件。

图 7-58 "修改用户权限"的设计界面

"添加/修改用户信息"界面的设计步骤为：首先添加 1 个 GroupBox 控件、2 个 Label 控件、2 个 TextBox 控件。然后添加 2 个 Button 控件，分别用作"保存"和"退出"按钮。

2. 编写代码

（1）定义用户管理窗体的公共变量，编写程序如代码 7-103 所示。

代码 7-103 定义用户管理窗体的公共变量。

```
DataClass.MyMeans MyDataClass=new renshi.DataClass.MyMeans();
public static DataSet MyDS_Grid;
```

（2）编写用户管理窗体的 Form_Load 事件，程序如代码 7-104 所示。

代码 7-104 用户管理窗体的 Form_Load 事件。

```
private void F_User_Load(object sender,EventArgs e)
{
    MyDS_Grid=MyDataClass.getDataSet("select ID as 编号,Name as 用户名 from tb_
        Login","tb_Login");
    dataGridView1.DataSource=MyDS_Grid.Tables[0];
}
```

（3）编写用户管理窗体的 dataGridView 控件的 CellEnter 事件，程序如代码 7-105 所示。

代码 7-105 dataGridView 控件的 CellEnter 事件。

```
private void dataGridView1_CellEnter(object sender,dataGridViewCellEventArgs
    e)
{
```

```
    if (dataGridView1.RowCount>1)
    {
        ModuleClass.MyModule.User_ID=dataGridView1[0,dataGridView1.
            CurrentCell.RowIndex].Value.ToString();
        ModuleClass. MyModule. User _ Name = dataGridView1 [1, dataGridView1.
            CurrentCell.RowIndex].Value.ToString();
        tool_UserAmend.Enabled=true;
        tool_UserDelete.Enabled=true;
        tool_UserPopedom.Enabled=true;
    }
    else
    {
        ModuleClass.MyModule.User_ID="";
        ModuleClass.MyModule.User_Name="";
        tool_UserAmend.Enabled=false;
        tool_UserDelete.Enabled=false;
        tool_UserPopedom.Enabled=false;
    }
}
```

（4）双击"添加"按钮，进入该按钮的单击事件，编写程序如代码 7-106 所示。该事件将打开"添加/修改用户信息"界面。

代码 7-106　"添加"按钮的单击事件。

```
private void tool_UserAdd_Click(object sender,EventArgs e)
{
    PerForm.F_UserAdd FrmUserAdd=new F_UserAdd();
    FrmUserAdd.Tag=1;
    FrmUserAdd.Text=tool_UserAdd.Text+"用户";
    FrmUserAdd.ShowDialog(this);
}
```

（5）双击"修改"按钮，进入该按钮的单击事件，编写程序如代码 7-107 所示。该事件将打开"添加/修改用户信息"界面。

代码 7-107　"修改"按钮的单击事件。

```
private void tool_UserAmend_Click(object sender,EventArgs e)
{
    if (ModuleClass.MyModule.User_ID.Trim()=="0001")
    {
        MessageBox.Show("不能修改超级用户。");
        return;
    }
    PerForm.F_UserAdd FrmUserAdd=new F_UserAdd();
    FrmUserAdd.Tag=2;
    FrmUserAdd.Text=tool_UserAmend.Text+"用户";
```

```
        FrmUserAdd.ShowDialog(this);
    }
```

（6）双击"删除"按钮，进入该按钮的单击事件，编写程序如代码 7-108 所示。

代码 7-108　"删除"按钮的单击事件。

```
private void tool_UserDelete_Click(object sender,EventArgs e)
{
    if (ModuleClass.MyModule.User_ID !="")
    {
        if (ModuleClass.MyModule.User_ID.Trim()=="0001")
        {
            MessageBox.Show("不能删除超级用户。");
            return;
        }
         MyDataClass.getsqlcom ( "Delete tb_Login where ID = '"+ModuleClass.
            MyModule.User_ID.Trim()+"'");
        MyDataClass.getsqlcom ( "Delete tb_UserPope where ID= '"+ModuleClass.
            MyModule.User_ID.Trim()+"'");
        MyDS_Grid=MyDataClass.getDataSet("select ID as 编号,Name as 用户名 from
            tb_Login","tb_Login");
        dataGridView1.DataSource=MyDS_Grid.Tables[0];
    }
    else
        MessageBox.Show("无法删除空数据表。");
}
```

（7）双击"权限"按钮，进入该按钮的单击事件，编写程序如代码 7-109 所示。

代码 7-109　"权限"按钮的单击事件。

```
private void tool_UserPopedom_Click(object sender,EventArgs e)
{
    if (ModuleClass.MyModule.User_ID.Trim()=="0001")
    {
        MessageBox.Show("不能修改超级用户权限。");
        return;
    }
    F_UserPope FrmUserPope=new F_UserPope();
    FrmUserPope.Text="用户权限设置";
    FrmUserPope.ShowDialog(this);
}
```

（8）定义添加修改用户信息界面的公共变量，程序如代码 7-110 所示。

代码 7-110　添加修改用户信息界面的公共变量。

```
DataClass.MyMeans MyDataClass=new renshi.DataClass.MyMeans();
ModuleClass.MyModule MyMC=new renshi.ModuleClass.MyModule();
```

```
public DataSet DSet;
public static string AutoID="";
```

（9）编写"添加/修改用户信息"窗体的 Form_Load 事件，程序如代码 7-111 所示。

代码 7-111 "添加/修改用户信息"窗体的 Form_Load 事件。

```
private void F_UserAdd_Load(object sender,EventArgs e)
{
    if ((int)this.Tag==1)
    {
        text_Name.Text="";
        text_Pass.Text="";
    }
    else
    {
        string ID=ModuleClass.MyModule.User_ID;
        DSet=MyDataClass.getDataSet("select Name,Pass from tb_Login where ID=
            '"+ID+"'","tb_Login");
        text_Name.Text=Convert.ToString(DSet.Tables[0].Rows[0][0]);
        text_Pass.Text=Convert.ToString(DSet.Tables[0].Rows[0][1]);
    }
}
```

（10）双击"保存"按钮，进入该按钮的单击事件，程序如代码 7-112 所示。

代码 7-112 "保存"按钮的单击事件。

```
private void button1_Click(object sender,EventArgs e)
{
    if (text_Name.Text=="" && text_Pass.Text=="")
    {
        MessageBox.Show("请将用户名和密码添加完整。");
        return;
    }
    DSet=MyDataClass.getDataSet("select Name from tb_Login where Name='"+text
        _Name.Text+"'","tb_Login");
    if ((int)this.Tag==2 && text_Name.Text==ModuleClass.MyModule.User_Name)
    {
        MyDataClass.getsqlcom("update tb_Login set Name='"+text_Name.Text+"
            ',Pass='"+text_Pass.Text+"' where ID= '"+ModuleClass.MyModule.
            User_ID+ "'");
        return;
    }
    if (DSet.Tables[0].Rows.Count>0)
    {
        MessageBox.Show("当前用户名已存在，请重新输入。");
        text_Name.Text="";
        text_Pass.Text="";
        return;
```

```
    }
    if ((int)this.Tag==1)
    {
        AutoID=MyMC.GetAutocoding("tb_Login","ID");
        MyDataClass.getsqlcom("insert into tb_Login (ID,Name,Pass) values('"+
            AutoID+"','"+text_Name.Text+"','"+text_Pass.Text+"')");
        MyMC.ADD_Pope(AutoID,0);
        MessageBox.Show("添加成功。");
    }
    else
    {
        MyDataClass.getsqlcom("update tb_Login set Name='"+text_Name.Text+"
            ',Pass='"+text_Pass.Text+"' where ID='"+ModuleClass.MyModule.
            User_ID+"'");
        if (ModuleClass.MyModule.User_ID==DataClass.MyMeans.Login_ID)
            DataClass.MyMeans.Login_Name=text_Name.Text;
        MessageBox.Show("修改成功。");
    }
    this.Close();
}
```

项 目 小 结

本项目设计制作了一个企业人事管理系统，通过本项目的设计制作，让读者掌握C#开发数据库系统的流程，以及编写数据库应用程序的方法。在各功能的代码设计上，展示了C#语言的各种用法，以及与控件的配合应用。

项 目 拓 展

本项目设计制作的是企业人事管理系统，读者可以根据项目特点，模仿设计制作一个学生档案管理系统，从数据库设计、整体功能设计再到详细设计，练习软件的开发流程。